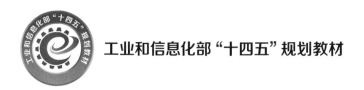工业和信息化部"十四五"规划教材

机器人工程应用

王 伟　贠 超　编著

北京航空航天大学出版社

内 容 简 介

本书聚焦机器人工程应用,分为9章,主要介绍机器人的基本概念、机器人学基础知识、机器人应用基础知识、机器人应用技术、机器人编程技术、机器人应用方案设计、机器人使用与维护、机器人性能规范的基本知识。

本书注重带领读者了解机器人学的一般基础知识,建立对机器人技术应用的认知和概念,为机器人设计人员和机器人使用操作人员提供有益的指导和参考。还可作为高等院校机器人工程专业的教学用书。

图书在版编目(CIP)数据

机器人工程应用 / 王伟,贠超编著. -- 北京 : 北京航空航天大学出版社,2024.3

ISBN 978 - 7 - 5124 - 4042 - 5

Ⅰ. ①机… Ⅱ. ①王… ②贠… Ⅲ. ①机器人工程 Ⅳ. ①TP24

中国国家版本馆 CIP 数据核字(2024)第 025765 号

机器人工程应用

王 伟 贠 超 编著

策划编辑 冯 颖 责任编辑 冯 颖

＊

北京航空航天大学出版社出版发行

北京市海淀区学院路 37 号(邮编 100191) http://www.buaapress.com.cn
发行部电话:(010)82317024 传真:(010)82328026
读者信箱:goodtextbook@126.com 邮购电话:(010)82316936
北京建宏印刷有限公司印装 各地书店经销

＊

开本:787×1 092 1/16 印张:13.25 字数:339 千字
2024 年 3 月第 1 版 2024 年 3 月第 1 次印刷
ISBN 978 - 7 - 5124 - 4042 - 5 定价:45.00 元

前　言

机器人被誉为"制造业皇冠顶端的明珠",深刻改变着人类的生产和生活方式,已经成为时代科技创新的显著标志。机器人技术发展至今已代表了一种新的经济形态,其创新成果不断深度融合于经济社会的各领域之中,其概念不断普及到人类工作和生活的各个场景之中。没有机器人,人将变为机器;机器人的发展必将推动人类不断从必然王国向自由王国发展。

"十四五"是我国开启全面建设社会主义现代化国家新征程的第一个五年。机器人作为高端制造装备的重要内容,技术附加值高,应用范围广,是全球先进制造业的重要支撑技术。世界各国均将"突破机器人关键技术,发展机器人产业"摆在本国科技发展的重要战略地位,制定其国家发展战略规划。发展机器人技术对世界各国的工业和社会发展以及增强军事国防实力都具有十分重要的意义。

实施"机器人＋"应用行动,应着力优化产业生态,支持机器人产业链上中下游协同创新,大中小企业融通发展,深化国际交流合作,促进全球产业链、供应链的稳定发展。但随着我国国民经济的高速发展,目前机器人领域人才缺口不断加大,开发、应用和管理型人才依然欠缺,因此各行各业迫切需要具有机器人应用基础和技能的应用型人才。

机器人技术涉及力学、机械科学、控制科学、计算机科学、信息科学等学科,从根本上讲,机器人技术不是基础理论研究,而是综合应用技术研究。本书聚焦机器人工程应用,共分为9章:第1章介绍了机器人的定义、主要名词术语、机器人技术发展现状,阐述了学习机器人专业技术与就业的关系;第2章介绍了机器人学基础知识,包括机器人运动学、机器人力学、机器人轨迹生成和机器人控制方法;第3章介绍了机器人应用基础知识,主要包括工业机器人分类、机器人组成(包括本体、驱动器、传感器、控制器等)、机器人应用选型;第4章介绍了常用机器人应用技术,包括机器人搬运码垛、焊接、加工和材料去除、喷涂和装配等典型应用;第5章简要介绍了其他机器人应用技术,包括并联机器人、协作机器人和移动机器人;第6章介绍了机器人编程技术,包括示教编程和离线编程两种典型的机器人编程技术;第7章从应用角度出发,介绍了机器人应用方案设计的方法步骤;第8章主要从机器人安装、零点标定、维护、常见故障、备品备件等方面介绍了机器人使用与维护的基本知识和要求;第9章根据机器人国际标准和国家标准,介绍了一些通用和常用的机器人性能指标。

　　本书注重引导读者了解机器人学的一般基础知识,建立机器人技术应用的认知和概念,为机器人设计人员和机器人使用操作人员提供有益的指导和参考。本书还可作为高等院校机器人工程专业的教学用书。

　　编者在编写过程中向有关专家进行了咨询,查阅了相关教材和文献,收集了很多机器人厂家的案例,在此向各位专家文献提供者致以诚挚的谢意! 由于编者水平有限,书中存在的不足和错误之处,恳请广大读者批评指正。

编　者

2023 年 12 月

目　　录

第 1 章　绪　论

本章主要讨论机器人的定义、主要名词术语,简要介绍了机器人技术发展现状,特别阐述了学习机器人专业技术与就业的关系,以及使用机器人技术给用户和系统集成商带来的好处。

1.1　机器人的名词术语

1.1.1　机器人的定义

"机器人(Robot)"一词源于 1920 年捷克作家卡雷尔·卡佩克(Karel Capek)的科幻剧《罗萨姆的万能机器人公司》中奴隶的名字 Robota。特别是在 20 世纪 40 年代,美国科幻巨匠阿西莫夫(Isaac Asimov)提出"机器人三法则":第一法则,机器人不得伤害人类,或坐视人类受到伤害;第二法则,除非违背第一法则,机器人必须服从人类的命令;第三法则,在不违背第一法则及第二法则的前提下,机器人必须保护自己。虽然这些法则是虚构的,但是它们的确为当今开发机器人智能和人-机器人交互的研究人员**确定了基本原则**。

目前,机器人领域对机器人的定义尚不统一。国际标准化组织(ISO)的定义:"机器人是一种能自动控制、可重复编程、多自由度、多功能的操作机。"我国国家标准对机器人的定义:"是一种自动控制的、可重复编程、多用途、3 个以上自由度的操作机",而对操作机的定义:"通常由一系列互相铰接或相对滑动的构件组成的机构,用以抓取或移动物体"。

机器人和数控机床的主要区别在于运动的解耦和耦合,其次在于通过编程完成一种或多种加工任务。数控机床的运动一般是解耦的,通过 G 代码编程,完成的任务比较单一;机器人的运动一般是耦合的,通过机器人语言编程能完成多种任务。图 1.1 所示为一种典型的工业

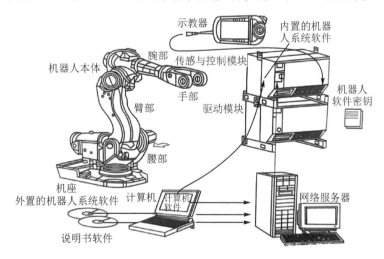

图 1.1　典型的工业机器人的系统组成

机器人的系统组成。但是随着自动化技术的发展，两者的区别越发不明显，比如多轴联动的数控加工中心已经成为一种运动耦合的、能通过编程完成多种任务的数控机床；在一些特定的场合，机器人可以完成钻削、铣削和磨削等加工任务。

机器人技术涉及力学、机械科学、控制科学、计算机科学、信息科学等多学科领域，如机构学、控制理论、计算机技术、信息技术、传感技术、仿生学和人工智能等，因此机器人的定义和应用领域也将随着相关科学技术的发展而不断发展和变化。

1.1.2　名词术语

（1）自由度（Degree of Freedom，DOF）：①在机械原理中，机构具有确定运动时独立运动参数的数目；②力学系统中的独立坐标的个数，即广义坐标的数目。

（2）操作臂（Manipulator）：具有和人手臂相似的功能、可在空间抓放物体或进行其他操作的机械装置。操作臂一般是指串联型机器人。

（3）末端执行器（End‐effector）：位于机器人腕部的末端，是直接执行工作任务的装置或工具。

（4）TCP（Tool Centre Position）：机器人的工具中心点。

（5）手腕（Wrist）：位于执行器与手臂之间，具有支撑和调整末端执行器姿态功能的机构。

（6）手臂（Arm）：位于基座和手腕之间，由操作臂的动力关节和连杆等组成的组件。能支撑手腕和末端执行器，并具有调整末端执行器位置的功能。常与操作臂（Manipulator）通用。

（7）世界坐标系（World Coordinate System，WCS）：参照大地的直角坐标系，是机器人在惯性空间的定位基础坐标系。

（8）基坐标系（Base Reference Coordinate System）：参照机器人基座的坐标系。

（9）坐标变换（Coordinate Transformation）：将一个点的坐标从一个坐标系变换到另一个坐标系的过程。

（10）位姿（Pose）：机器人末端执行器在指定坐标系中的**位置（Position）和姿态（Orientation）**。

（11）工作空间（Workspace）：机器人在执行任务时，手腕参考点或工具安装点所能达到的空间点的集合，一般用水平面和垂直面的投影表示。注意：一般不包括手爪或工具本身所能到达的区域。

（12）负载（Load）：作用于末端执行器上的质量和外力（矩）。

（13）额定负载（Rated Load）：机器人在规定的性能范围内，机械接口处能够承受的最大负载（包括末端执行器在内）。在该载荷的作用下，机器人还要满足其他指标，包括重复性、速度以及长期可靠性运行等。

（14）分辨率（Resolution）：机器人的每个轴能够实现的最小移动距离或最小转动角度。

（15）定位精度（Accuracy）：指令设定位姿与实际到达位姿的一致程度。

（16）重复定位精度（Repeatability Accuracy）：机器人手部重复定位于同一目标位置的能力。

（17）点位控制（Point to Point Control，PTP）：控制机器人从一个位姿运动到另一个位姿，无路径约束，多以关节坐标表示。常用于搬运操作。

（18）连续轨迹控制（Continuous Path Control，CP）：控制机器人的 TCP 在指定的轨迹上按照编程规定的位姿和速度连续运动,常用于弧焊等操作。

(19) 在线编程(On-line Programming):通过人工示教来完成机器人操作信息记忆的编程方式。

(20) 离线编程(Off-line Programming):机器人操作信息的记忆与作业对象不发生直接关系的编程方式。

1.2　机器人技术发展现状

机器人作为高端制造装备的重要内容,技术附加值高,应用范围广,是全球先进制造业的重要支撑技术。世界各国均将突破机器人关键技术、发展机器人产业摆在本国科技发展的重要战略地位,制定其国家发展战略规划。发展机器人技术对世界各国的工业和社会发展以及增强军事国防实力都具有十分重要的意义。美国在 2013 年提出了美国机器人发展路线图,重点关注机器人的创新应用。欧盟第 7 框架 Horizon 2020 研究计划和火花计划重点布局机器人在智能制造中的应用。日本于 2015 年发布《机器人新战略》,提出 3 大核心目标:世界机器人创新基地;世界第一的机器人应用国家;迈向世界领先的机器人新时代。在我国,国家把机器人技术作为"中国制造 2025"的重要内容。

机器人技术主要经历了三个发展阶段。

第一代机器人是示教再现型机器人:这类机器人一般可以根据操作员所编制的程序,完成一些简单的重复性操作。

这一代机器人从 20 世纪 60 年代后半期开始投入使用,目前在工业界得到了广泛应用。

第二代机器人是有感知能力的机器人:它是在第一代机器人的基础上发展起来的,具有不同程度的"感知"能力。

第三代机器人是智能机器人,具有识别、推理、规划和学习等智能机制,可以把感知和行动通过智能化结合起来。

这一代机器人是当前机器人领域的研究重点和发展方向。

机器人技术是一门依赖于实践的技术科学。机器人技术的发展和世界经济紧密相关。机器人在解决制造业升级、健康服务、国防安全、资源开发等方面发挥了重要作用。通常机器人可分为工业机器人、服务机器人和特种机器人三大类。由于工业机器人融入制造领域已成为主要发展潮流,故本书主要讨论工业机器人。

1.2.1　工业机器人发展简史

工业机器人的概念产生于 20 世纪 60 年代,它的诞生完全依赖于计算机的出现。它和计算机辅助设计(CAD)系统、计算机辅助制造(CAM)系统相结合应用于工业生产,是现代工业生产的发展趋势。

1959 年美国 Unimation 公司制造了全球第一台工业机器人(图 1.2),并将该机器人安装到美国通用汽车公司的 Trenton(特伦顿)工厂,用于压铸件的码垛。首次大规模使用工业机器人是在 1969 年美国通用汽车公司的 Lordstown Motors(洛兹敦汽车)总装厂,Unimation 公司的机器人被用于点焊作业,使 90% 以上的点焊任务可以实现机器人作业,而之前仅有 40% 的点焊作业能够实现自动焊接。

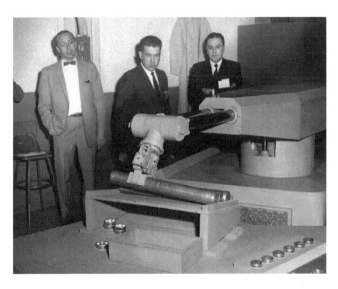

图 1.2　全球第一台工业机器人

此后,工业机器人在欧洲、日本迅速发展和普及。

1969 年,挪威 Trallfa 公司生产了第一台商用喷涂机器人。同年,美国 Unimation 公司与日本 Kawasaki 公司签订了技术协议,日本的机器人产业开始快速崛起。

1973 年,德国 KUKA 公司开发了具有 6 个电机驱动轴的机器人;日本 Hitachi 公司首次集成了视觉系统,使得机器人能够跟踪移动目标;第一台用计算机控制的机器人 IRB 6(见图 1.3)由瑞典的 ASEA 公司发布,这种机器人模仿人的手臂机构,负载 6 kg,用于抛光不锈钢管。

到 1973 年末,全世界已安装了 3000 台机器人。

1974 年,美国人 Cincinnati Milacron(辛辛那提·米拉克龙)制造了第一台用计算机控制的商业机器人 T3;日本 Kawasaki 公司制造了第一批弧焊机器人,用于焊接摩托车框架。

1975 年,基于直角坐标构型的 Olivetti Sigma 机器人首次用于装配。

1978 年,美国 Unimation 公司获得通用汽车公司的支持,开发了可编程通用装配机器人 PUMA(图 1.4);日本 Hirata(平田)公司开发出第一台 SCARA 柔顺装配机器人 AR-300 和 AR-i350(见图 1.5)。PUMA 和 SCARA 机器人都是针对装配应用而设计的,具有有限的搬运重量,但是具有很高的往复运行速度。

1979 年,日本的 Nachi 公司开发了第一台重载电机驱动机器人。这些机器人比液压驱动机器人具有更高的性能指标,从此电机驱动成为工业机器人的主要驱动件。

1981 年,第一台龙门式机器人出现,它的运动范围远大于传统机器人。

1983 年,全世界已经安装了 66 000 台机器人。

1984 年,美国的 Adept 公司推出第一台直接驱动的 SCARA 机器人。电机直接与手臂连接,不需要中间齿轮、链条或皮带等传动件。这种简化的机械结构具有更高的运动速度和重复精度。

1992 年,第一台 Delta 构型的机器人被用于包装椒盐脆饼。之后瑞典的 ABB 公司将这种设计用于 FlexPicker 机器人,这是当时最快的分拣机器人,每分钟往复运动可达 120 次。

图 1.3　IRB 6 机器人

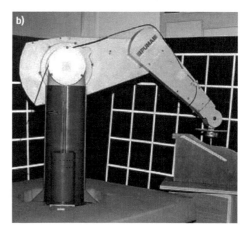

图 1.4　PUMA 机器人

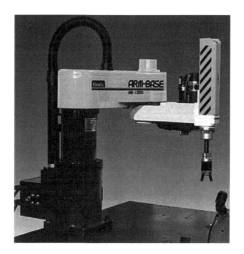

图 1.5　AR-i350 机器人

2003 年,全世界的机器人安装量达 80 万台。

2004 年,机器人控制器的能力得到了大幅提升,出现了基于 PC 系统、运行 Windows CE 操作系统的机器人控制器,可使用带触摸屏和彩色显示的示教器。日本的 Motoman 公司发布了一种新型控制器,能够同步控制 38 根轴或 4 台机器人。

此外,并联机器人 20 世纪 80 年代开始出现。这种机器人重量更轻、刚性更高。图 1.6(a)所示为 1992 年瑞典 Neos Robotics 公司的 Tricept 600,用于搅拌摩擦焊、机械加工等;图 1.6(b)所示为 2002 年日本 Fanuc 公司的 F-200iB,应用于搬运、装配等;图 1.6(c)所示为 2007 年日本 Adept 公司的 Quattro,应用于高速分拣。同一时期还出现了自动引导小车 AGV,图 1.7 所示为 1984 年德国 Fraunhofer IPA 研究所的 MORO。

工业机器人技术发展大多是由汽车工业需求推动的。汽车领域一直是工业机器人的最大用户,日新月异的机器人技术也极大地推动了汽车制造业的飞速发展。当今机器人的应用领域更加广泛,20 世纪末至今,机器人已广泛应用于汽车、电子、家电、化工、食品、物流、服务、医疗、科考和军事等领域或行业。经过多年市场竞争,瑞典的 ABB、德国的 KUKA 以及日本的 FANUC、YASKAWA 这 4 家工业机器人公司的产品占据全球市场份额达 60%～80%,几乎

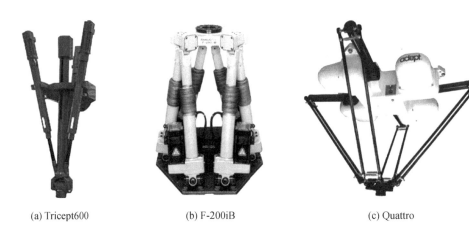

| (a) Tricept600 | (b) F-200iB | (c) Quattro |

图 1.6　并联机器人

垄断了机器人高端市场。

工业机器人使用量增加的主要因素是成本的不断下降和性能的不断提升,见图 1.8。据估算,到 2025 年,全球制造业将会通过机器人替代手工的方式将劳工数量减少 16%。由于机器人作业效率越来越高,而人工成本越来越高,因此越来越多的人工作业岗位会被机器人取代,这是驱动工业机器人市场增长的最重要的因素。其次是非经济因素,机器人可以完成危险或人类不可能完成的工作。

图 1.7　MORO

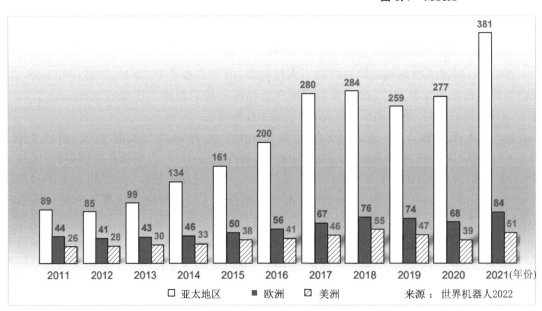

图 1.8　工业机器人年安装量(2011—2021 年,单位:千台)

1.2.2 我国工业机器人现状

目前,中国已成为名副其实的"世界工厂"。我国在机器人产业规模、新增机器人安装量方面优势明显,表现出强劲的后发优势。一方面世界主要机器人生产商均在中国建立了研发中心和制造中心,另一方面自主品牌工业机器人也取得了较大发展。

工业和信息化部统计数据显示:2021 年中国机器人密度(每万名工人拥有的机器人台数)为 187,排在世界第 15 位。2021 年中国工业机器人出货量达 256 360 台,同比增长 49.5%,创历史新高。2023 年,国内全年累计销售机器人 28.3 万台,其中约 25% 为国产品牌国产机器人品牌 ESTUN、INOVANCE、EFORT 的市场占有率排名持续上升。

经过多年的技术攻关,我国在精密谐波减速器、伺服电机和机器人控制器等关键部件方面取得了明显进步,但是精密 RV 减速机、大惯量高速伺服电机、高端机器人控制器的性能与国际主流品牌仍存在一定差距。

我国机器人产业经过多年技术研发和充分的市场竞争,逐步形成了几个规模较大的自主机器人品牌,如新松、埃斯顿、埃夫特、广州数控、卡诺普、汇川、阿童木等。国产工业机器人的应用主要集中在搬运、焊接、装配等领域,以搬运、弧焊机器人的销售量最多。唐山开元采用合资引进的发展思路,已经发展成为国内最大的焊接机器人制造商和集成商之一。广东电器制造商美的公司收购了 KUKA 机器人。珠三角地区经济发达,具有规模很大的工业生产基地和便捷的交通网络,目前已逐步在东莞形成了一批机器人核心零部件供应基地和机器人创新创业基地。

近年来,国内协作机器人发展较快,遨博、珞石等公司出货量较大,广泛应用于餐饮、服务业和物流分拣等领域。特别值得一提的是,我国每年有 600 多亿个物流包裹,由此对移动分拣机器人产生了大量需求。

当前我国面临人口老龄化、劳动力短缺、人工成本急剧上升、过时的作业模式亟待升级的局面,因此机器人已成为我国国民经济发展规划中高端制造装备战略性新兴产业的重要内容。

1.2.3 工业机器人的主要应用

随着机器人技术的发展,机器人已在各个领域得到迅速广泛的推广应用,尤其是替代人工的繁重劳动、从事危险恶劣环境作业、提高生产率等方面发挥了巨大作用。以下仅列出几种典型应用类型:

1. 搬运机器人

搬运机器人用于制造和物流领域的移载作业。机器人运动为与作业对象**非接触的 PTP 方式**,详见第 4 章 4.1 节"机器人搬运"。

2. 焊接机器人

1)点焊机器人

点焊机器人用于制造领域的点焊作业,主要应用于汽车、家电、五金行业。机器人运动为与作业对象**接触的 PTP 方式**,详见第 4 章 4.2.2 节"点焊机器人"。

2)弧焊机器人

弧焊机器人用于制造领域的弧焊作业,主要应用于汽车、家电、五金行业。机器人运动为与作业对象**非接触的 CP 方式**,详见第 4 章 4.2.3 节"弧焊机器人"。

3. 喷涂机器人

喷涂机器人用于制造领域中工件的表面喷涂作业。机器人运动为与作业对象**非接触的 PTP 方式**,详见第 4 章 4.2.3 节"机器人喷涂"。

4. 装配机器人

装配机器人用于工业自动化生产中装配生产线上对零件或部件进行装配。机器人运动为与作业对象**接触的 PTP 方式**,详见第 4 章 4.5 节"装配机器人"。

5. 磨削抛光机器人

磨削抛光机器人用于制造领域中工件的磨削抛光作业。机器人运动为与作业对象**接触的 CP 方式**。见第 4 章 4.3 节"机器人切削和材料去除"。

6. 移动机器人(AGV)

移动机器人(AGV)主要形式有自主移动的轮式机器人、履带式机器人、腿式机器人。早年间这种机器人属于特种作业机器人范畴。根据作业要求可以衍生出各种形式的 AGV,常用于物流输送、货物分拣、场地巡检等领域,详见第 5 章 5.3 节"移动机器人"。

1.3 使用机器人的收益

大多数公司决定是否投资机器人首要考虑的因素是经济回报。应用机器人获得的收益可分成两种类型:①使终端用户受益;②使系统集成商受益。

1.3.1 使终端用户受益

在许多情况下,终端用户往往只考虑引入机器人替代劳动力所产生的收益,其结果是经济回报指标并不明显。实际上,使用机器人的经济合理性还与潜在收益有关,在某些情况下,潜在收益比节省劳动力的收益要大得多。2005 年,国际机器人联盟 IFR 公布了使用机器人对终端用户的 10 种益处。

1. 降低运营成本

使用机器人可以降低人工成本;明显减少维持人工工作环境的能量消耗,比如必需的温度和光照等;降低人工操作的培训成本、健康成本、安全成本和生产管理成本等。

2. 提高产品质量和一致性

机器人操作具有很高的可重复性。如果机器人的操作工艺相同,且参数设置相同,则会完全一致地生产出高质量的合格产品。机器人不会像人工那样受到疲劳、无聊或者由于单调乏味的重复工作所造成的注意力分散等因素影响,进而导致产品的质量参差不齐。

3. 提高员工的工作质量

机器人可以代替人类在污染、恶劣、危险的环境中作业,改善员工的工作环境,提高员工的工作质量。机器人的运转和维护需要很高的技能,因此可以通过提高员工技能和增加员工收入来调动员工的生产积极性。

4. 提高生产率

机器人在提高产品质量和一致性的基础上,从而减少了废品率,提高了产量。机器人可以迅速变换运行状态,减少生产的辅助时间,还可以 24 小时连续工作,没有公休日,因而提高了生产率。

5. 提高生产制造的灵活性

机器人的各种操作可以事先编程并输入机器人,机器人可以按照操作要求调用程序迅速变换运行状态,这样就可以实现小批量多品种的生产。但是机器人也会有很多局限性,比如夹具、抓手、周边配套工装不能随意快速更换和调整,尚不能完全实现人工替代。

6. 减少材料浪费

机器人可保证产品质量,因此可以减少废品率,从而减少材料浪费。机器人能节省耗材,比如喷涂机器人能刚好喷涂到所要求的涂层厚度。

7. 提高生产的安全性

由第 3 点可知,机器人可以代替人类在污染、恶劣、危险的环境中作业,或者可以使操作者远离危险的作业区域等。

8. 减少劳动力流动和雇用技术工人的困难

使用机器人可以给员工提供更好的工作环境,更稳定的工作岗位,降低对员工技术熟练程度和生产经验的要求。

9. 减少投资成本

由第 4 点和第 5 点可知,机器人可以 24 小时连续工作,并可以实现小批量多品种的生产,因此能够代替很多专用的自动化设备,提高设备利用率,减少设备投资和原材料成本。

10. 节省规模化生产所占用的空间

机器人的布局可以十分紧凑,因为不需要给操作人员留出所需的空间。机器人还可以侧面安装或倒挂安装,既满足工艺要求,又减少了占用空间。

通过综合考虑上述特点,可以构建一套机器人系统来显著提高经济回报。有关这方面更深入的讨论请参阅第 7 章"机器人应用方案设计"。

1.3.2 使系统集成商受益

对于自动化设备供应商或系统集成商,机器人越来越多被作为解决方案的核心,其原因主要有两方面:①机器人的灵活性;②机器人是一个标准化的可选产品。

机器人的灵活性表现在机器人的可编程和智能性,因此机器人既能允许系统在设计阶段进行更改,也能容许系统在运行中处理一些错误。

机器人是标准化产品,系统集成商能够通过产品目录选择出一台适合工作要求的机器人,比如机器人的负载能力和工作空间等。尤其是机器人的工作可靠性[平均无故障时间(MTBF)和平均维修时间(MTTR)],对于定制的机器人,这些参数必须经过大量的实验来得到,因此对于终端用户和系统集成商而言,定制机器人的可靠性较差。另外,考虑到开发时间和成本,标准化的机器人与定制的机器人相比,价格较低,供货时间较短。

1.4 学习机器人技术与就业的关系

自工业革命以来,工业领域的用工趋势一直是减少雇佣工人的数量,每一项新技术的发明都会减少生产过程中的手工劳动者。制造业的成功经验表明:技术革新会在服务行业创造更多的就业岗位。虽然使用机器人减少了工人数量,但工厂自动化能够提升企业的竞争力,使企业规模扩大,从而会创造更多的产业链就业岗位。

当前我国已成为"制造大国"和"世界工厂",制造业在中国 GDP 的比重高达 40%,直接为 1.3 亿人提供了工作岗位。全球 80% 的空调、90% 的个人计算机、75% 的太阳能电池板、70% 的手机和 63% 的鞋子都产自中国。但是,支撑起国家经济基础的制造业却面临着大量的人才缺口。据统计,2020 年中国制造业人才缺口达 2 200 万左右,近五年,制造业平均每年净减少 150 万人。人社部的数据显示,预计到 2025 年,我国制造业十大重点领域人才总量将接近 6200 万人,人才需求缺口将近 3 000 万人,缺口率高达 48%。根据教育部、人社部和工信部联合印发的《制造业人才发展规划指南》可知,在高档数控机床和机器人领域,我国 2020 年技术人才需求为 750 万,缺口 300 万;到 2025 年,需求将会增加到 900 万,缺口进一步扩大到 450 万。

未来这些人才缺口将会通过使用机器人和自动化技术来填补。据统计数据报告,2022 年普通蓝领(普工)的年薪在 8 万元左右,最高为 9 万～11 万元;技能蓝领(技工)的年薪在 10 万元以上,最高为 12 万～15 万元。一些技能要求高的高科技企业(如集成电路、电子制造、新材料等)或自动化程度高的企业(如汽车零部件制造)高技能蓝领的年薪甚至高达 15 万～20 万元。在较多行业使用机器人已经达到了较好的投资回报率,采用机器人生产线代替传统的手工生产线的趋势越来越明显。

综上所述,使用机器人可以提高产品质量和降低产品的制造成本,这样不仅会扩大市场,而且会扩大就业规模。比如智能手机和平板电脑,如果不用机器人生产,制造成本会远远高于普通消费者能够接受的价格。据国际机器人联盟 IFR 统计数据表明:差不多每使用 1 台机器人可以创造 3 个就业岗位,这些岗位还不包括间接创造的工作岗位,如市场销售岗位等。在过去的 20 年中,机器人工业提供了 2 000 万个以上高技术岗位。

习　题

1-1　查询有关参考文献和参考资料,做一张年表,记录在过去 40 年里工业机器人发展的主要事件。

1-2　查询有关参考文献和参考资料,基于最新的数据绘制一张表格,表示工业机器人在焊接、装配、搬运等行业的应用数量情况。

1-3　查询有关参考文献和参考资料,给出汽车工业、电子装配工业等行业劳动力成本的数据,画出一张图,对使用人力的成本和使用机器人的成本进行比较,观察不同时间机器人成本曲线与人力成本曲线交点的变化,据此可以得出使用机器人的技术经济性平衡点发生的时间。

1-4　简述机器人编程语言、离线编程的含义。

1-5　简述使用机器人的益处。

1-6　根据你见过的机器人应用,给出几个应用案例。

第 2 章　机器人学基础知识

机器人末端的任意运动均是由各关节运动合成的,机器人学就是研究机器人关节运动与末端运动之间的运动规律、运动与作用力之间的关系以及控制方法,主要有以下三个方面:

机器人运动学就是研究机器人关节运动与末端运动之间的运动规律。

机器人力学就是研究机器人运动与作用力之间的关系。

机器人控制就是基于机器人运动学、力学以及期望的运动规律,研究机器人的控制方法。

2.1　机器人运动学

机器人运动学主要包括位姿描述与变换、正运动学、逆运动学、雅可比等。机器人运动学是机器人设计和应用的首要问题。描述机器人运动规律的数学工具是空间解析几何和矩阵运算。

2.1.1　位姿描述与变换

机器人各连杆、工具和操作对象等都可以看作刚体。对于一个刚体,当给定其上某点的位置和刚体的姿态(方位)时,该刚体在空间可以得到完全定位。

1. 位姿描述

位姿包括位置和姿态。

(1) 位置描述

如图 2.1 所示,坐标系 $O_A x_A y_A z_A$(简称$\{A\}$系)为固定坐标系(又称为基坐标系),S 为空间一个刚体,P 为刚体上任意一点。这时,刚体 S 在$\{A\}$系的位置可以用点 P 在$\{A\}$系中的坐标即位置矢量$^A\boldsymbol{P}$ 表示。$^A\boldsymbol{P}$ 中的各个元素表示该矢量在坐标系中的分量(在相应坐标轴上的投影)用下标 x,y 和 z 标明:

$$^A\boldsymbol{P} = \begin{bmatrix} P_x \\ P_y \\ P_z \end{bmatrix} = \begin{bmatrix} P_x & P_y & P_z \end{bmatrix}^{\mathrm{T}} \tag{2.1}$$

式中,矢量$^A\boldsymbol{P}$ 左上角的 A 表示该矢量是在坐标系$\{A\}$中描述的。

(2) 姿态描述

在刚体 S 上的 O_B 点建立另一个坐标系 $O_B x_B y_B z_B$(简称$\{B\}$系),见图 2.2。该坐标系与刚体固接。当刚体运动时,坐标系$\{B\}$随刚体一起运动,故此坐标系又称为动坐标系,因此刚体运动的姿态可用固定在刚体上的坐标系来描述。刚体 S 在空间的姿态可以用动坐标系$\{B\}$各坐标轴相对基坐标系$\{A\}$各坐标轴之间夹角的余弦函数矩阵来表示:

$$^A_B\boldsymbol{R} = \begin{bmatrix} \cos(x_A, x_B) & \cos(x_A, y_B) & \cos(x_A, z_B) \\ \cos(y_A, x_B) & \cos(y_A, y_B) & \cos(y_A, z_B) \\ \cos(z_A, x_B) & \cos(z_A, y_B) & \cos(z_A, z_B) \end{bmatrix} \tag{2.2}$$

式中,$_B^A\boldsymbol{R}$ 为 3×3 矩阵,称为方向余弦矩阵、旋转矩阵或姿态矩阵,上标 A 代表参考坐标系 $\{A\}$,下标 B 代表坐标系 $\{B\}$;(x_A, x_B) 表示坐标系 $\{A\}$ 的 x 轴与坐标系 $\{B\}$ 的 x 轴的夹角, $\cos(x_A, x_B)$ 是坐标系 $\{A\}$ 的 x 轴与坐标系 $\{B\}$ 的 x 轴的单位矢量的点积,以此类推。

因此,刚体的位置可以用刚体上一点的位置来描述,刚体的姿态可用固定在刚体上的坐标系的姿态来描述,即点的位置可用一个 3×1 矢量来表示,刚体的姿态可用一个 3×3 矩阵来表示。

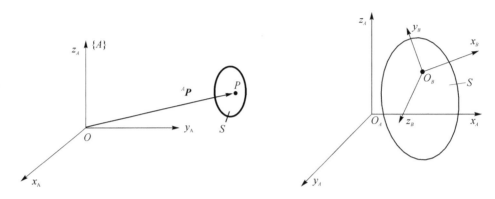

图 2.1　刚体位置的描述　　　　　　图 2.2　刚体姿态的描述

（3）位姿描述

刚体 S 在基坐标系 $\{A\}$ 中的位姿可以用动坐标系 $\{B\}$ 相对于基坐标系 $\{A\}$ 的位置和姿态来表示,即

$$\{B\} = \{_B^A\boldsymbol{R}, \quad {}^A\boldsymbol{P}_{BO}\} \tag{2.3}$$

式中,${}^A\boldsymbol{P}_{BO}$ 是动坐标系 $\{B\}$ 的原点在基坐标系中 $\{A\}$ 的位置矢量,见图 2.3。

2. 坐标变换和齐次变换

（1）坐标变换

1）平移坐标变换

在不同的坐标系中描述同一个物理量,需要进行坐标变换。

如图 2.3 所示,坐标系 $\{A\}$ 与坐标系 $\{B\}$ 具有相同的方位,但两者的原点不重合。坐标系 $\{B\}$ 相对于坐标系 $\{A\}$ 的位置矢量用坐标系 $\{B\}$ 的原点在坐标系 $\{A\}$ 中的位置矢量 ${}^A\boldsymbol{P}_{BO}$ 表示。假设点 P 在坐标系 $\{A\}$ 中的位置矢量为 ${}^A\boldsymbol{P}$,在坐标系 $\{B\}$ 中的位置矢量为 ${}^B\boldsymbol{P}$,则两者之间具有如下关系:

$$^A\boldsymbol{P} = {}^B\boldsymbol{P} + {}^A\boldsymbol{P}_{BO} \tag{2.4}$$

上式称为**坐标平移方程**。

2）旋转坐标变换

如图 2.4 所示,坐标系 $\{A\}$ 与坐标系 $\{B\}$ 具有相同的坐标原点,但两者的姿态不同。同一点 P 在这两个坐标系的位置矢量 ${}^A\boldsymbol{P}$、${}^B\boldsymbol{P}$ 具有如下变换关系:

$$^A\boldsymbol{P} = {}_B^A\boldsymbol{R}\,{}^B\boldsymbol{P} \tag{2.5}$$

上式称为**坐标旋转方程**。

同理,${}^A\boldsymbol{P}$、${}^B\boldsymbol{P}$ 具有如下变换关系:

$$^B\boldsymbol{P} = {}_A^B\boldsymbol{R}\,{}^A\boldsymbol{P} \tag{2.6}$$

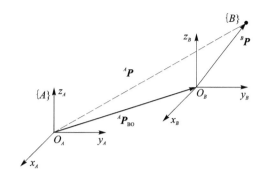

图 2.3　平移变换

由式(2.5)和式(2.6)可知旋转矩阵${}_B^A\boldsymbol{R}$ 和${}_A^B\boldsymbol{R}$ 两者互逆,即

$${}_B^A\boldsymbol{R}^{-1}={}_A^B\boldsymbol{R} \tag{2.7}$$

3) 平移加旋转变换

一般情况下,坐标系$\{A\}$与坐标系$\{B\}$的原点既不重合,姿态也不相同,如图 2.5 所示。坐标系$\{B\}$相对于坐标系$\{A\}$的位置矢量用${}^A\boldsymbol{P}_{BO}$ 表示,坐标系$\{B\}$相对于坐标系$\{A\}$的姿态用${}_B^A\boldsymbol{R}$ 表示,这时点 P 在这两个坐标系的位置矢量${}^A\boldsymbol{P}$、${}^B\boldsymbol{P}$ 具有如下变换关系:

$${}^A\boldsymbol{P}={}_B^A\boldsymbol{R}\,{}^B\boldsymbol{P}+{}^A\boldsymbol{P}_{BO} \tag{2.8}$$

(2) 齐次变换

一般情况下,刚体的运动是转动和平移的复合运动,为了用同一矩阵既表示转动又表示平移,因此引入齐次变换矩阵。

1) 齐次坐标

假设一点在直角坐标系中的坐标为

$$\boldsymbol{P}=\begin{bmatrix} x & y & z \end{bmatrix}^{\mathrm{T}} \tag{2.9}$$

它的齐次坐标可表示为

$$\boldsymbol{P}=\begin{bmatrix} x & y & z & 1 \end{bmatrix}^{\mathrm{T}} \tag{2.10}$$

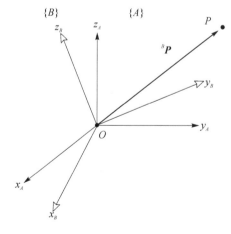

图 2.4　旋转变换

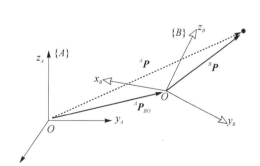

图 2.5　平移加旋转变换

2）齐次变换

① 平移的齐次变换

如图 2.6 所示，矢量 $\boldsymbol{U}=x\boldsymbol{i}+y\boldsymbol{j}+z\boldsymbol{k}$ 沿矢量 $\boldsymbol{P}=a\boldsymbol{i}+b\boldsymbol{j}+c\boldsymbol{k}$ 得到矢量 $\boldsymbol{V}$，故矢量 $\boldsymbol{V}$ 可看成是矢量 $\boldsymbol{U}$ 和矢量 $\boldsymbol{P}$ 之和，故有

$$\begin{bmatrix} \boldsymbol{V} \\ 1 \end{bmatrix} = \begin{bmatrix} \boldsymbol{U} \\ 1 \end{bmatrix} + \begin{bmatrix} \boldsymbol{P} \\ 1 \end{bmatrix} = \begin{bmatrix} x+a \\ y+b \\ z+c \\ 1 \end{bmatrix} = \begin{bmatrix} 1 & 0 & 0 & a \\ 0 & 1 & 0 & b \\ 0 & 0 & 1 & c \\ 0 & 0 & 0 & 1 \end{bmatrix} \begin{bmatrix} x \\ y \\ z \\ 1 \end{bmatrix} = \boldsymbol{T} \begin{bmatrix} \boldsymbol{U} \\ 1 \end{bmatrix} \tag{2.11}$$

式中，$\boldsymbol{T} = \begin{bmatrix} 1 & 0 & 0 & a \\ 0 & 1 & 0 & b \\ 0 & 0 & 1 & c \\ 0 & 0 & 0 & 1 \end{bmatrix}$ 称为**平移的齐次变换矩阵**，又可表示

为 $\boldsymbol{T} = \text{Trans}(a,b,c)$。矩阵中的第 4 列为平移参考矢量的齐次坐标。注意：上式中的矢量要用齐次坐标表示。

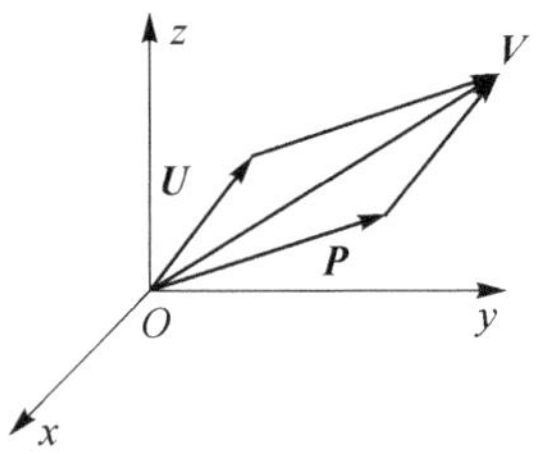

图 2.6 平移的齐次变换

② 旋转的齐次变换

根据直角坐标系的旋转变换，可以得到分别绕 x 轴、y 轴和 z 轴旋转一个角度 θ 的齐次旋转变换矩阵：

$$\text{Rot}(x,\theta) = \begin{bmatrix} 1 & 0 & 0 & 0 \\ 0 & \cos\theta & -\sin\theta & 0 \\ 0 & \sin\theta & \cos\theta & 0 \\ 0 & 0 & 0 & 1 \end{bmatrix} \tag{2.12}$$

$$\text{Rot}(y,\theta) = \begin{bmatrix} \cos\theta & 0 & \sin\theta & 0 \\ 0 & 1 & 0 & 0 \\ -\sin\theta & 0 & \cos\theta & 0 \\ 0 & 0 & 0 & 1 \end{bmatrix} \tag{2.13}$$

$$\text{Rot}(z,\theta) = \begin{bmatrix} \cos\theta & -\sin\theta & 0 & 0 \\ \sin\theta & \cos\theta & 0 & 0 \\ 0 & 0 & 1 & 0 \\ 0 & 0 & 0 & 1 \end{bmatrix} \tag{2.14}$$

式（2.12）～式（2.14）为**旋转的齐次变换矩阵**，其中左上角的 3×3 子矩阵为相应的旋转变换矩阵。

③ 平移加旋转的齐次变换

参见图 2.5。

例 2.1 已知矢量 $\boldsymbol{U}=\text{i}+3\text{j}-5\text{k}$ 首先绕 z 轴旋转 $90°$，然后再绕 x 轴旋转 $90°$，最后再沿矢量 $\boldsymbol{P}=3\text{i}+7\text{j}+\text{k}$ 平移，求矢量 $\boldsymbol{V}$。

解： $\begin{bmatrix} \boldsymbol{V} \\ 1 \end{bmatrix} = \text{Trans}(3,7,1)\text{Rot}(x,90°)\text{Rot}(z,90°) \begin{bmatrix} \boldsymbol{U} \\ 1 \end{bmatrix}$

$$
= \begin{bmatrix} 1 & 0 & 0 & 3 \\ 0 & 1 & 0 & 7 \\ 0 & 0 & 1 & 1 \\ 0 & 0 & 0 & 1 \end{bmatrix} \begin{bmatrix} 1 & 0 & 0 & 0 \\ 0 & 0 & -1 & 0 \\ 0 & 1 & 0 & 0 \\ 0 & 0 & 0 & 1 \end{bmatrix} \begin{bmatrix} 0 & -1 & 0 & 0 \\ 1 & 0 & 0 & 0 \\ 0 & 0 & 1 & 0 \\ 0 & 0 & 0 & 1 \end{bmatrix} \begin{bmatrix} 1 \\ 3 \\ -5 \\ 1 \end{bmatrix} = \begin{bmatrix} 0 & -1 & 0 & 3 \\ 0 & 0 & -1 & 7 \\ 1 & 0 & 0 & 1 \\ 0 & 0 & 0 & 1 \end{bmatrix} \begin{bmatrix} 1 \\ 3 \\ -5 \\ 1 \end{bmatrix} = \begin{bmatrix} 0 \\ 12 \\ 2 \\ 1 \end{bmatrix}
$$

因此,$V = 12j + 2k$。

上式中,矩阵 $\begin{bmatrix} 0 & -1 & 0 & 3 \\ 0 & 0 & -1 & 7 \\ 1 & 0 & 0 & 1 \\ 0 & 0 & 0 & 1 \end{bmatrix}$ 为**平移加旋转的复合齐次变换矩阵**。该矩阵左上角 3×3 子矩阵表示旋转变换,第 4 列表示平移变换。

④ 齐次变换矩阵

定义一个 4×4 的矩阵算子,可将式(2.8)写为

$$
\begin{bmatrix} {}^A\boldsymbol{P} \\ 1 \end{bmatrix} = \left[\begin{array}{c|c} {}^A_B\boldsymbol{R} & {}^A\boldsymbol{P}_{BO} \\ \hline 0 \quad 0 \quad 0 & 1 \end{array} \right] \begin{bmatrix} {}^B\boldsymbol{P} \\ 1 \end{bmatrix} = {}^A_B\boldsymbol{T} \begin{bmatrix} {}^B\boldsymbol{P} \\ 1 \end{bmatrix} \tag{2.15}
$$

式中变量的定义见式(2.4),4×4 矩阵 ${}^A_B\boldsymbol{T}$ 表示坐标系 $\{B\}$ 相对于坐标系 $\{A\}$ 的**齐次变换矩阵**。

3. 其他姿态描述

由式(2.2)可知,3×3 的旋转矩阵可以用来描述姿态,一共包括 9 个元素,其中存在 6 个约束条件,仅有 3 个是独立的。在工程应用中,常用欧拉角和 RPY 角等方式来描述姿态。

(1) 欧拉角(Euler 角)

机器人在运动的过程中,机械手的运动姿态往往由一个绕 x 轴、y 轴和 z 轴的旋转序列来规定。其中一种常用的转角序列称为 Z-Y-Z 欧拉角,如图 2.7 所示。Z-Y-Z 欧拉角序列规定如下:首先绕 z 轴旋转 φ 角,然后绕新的 y 轴 (y') 旋转 θ 角,最后绕新的 z 轴 (z'') 旋转 ψ 角。Z-Y-Z 欧拉角可以用来描述任何可能的姿态。欧拉角也可以在固定坐标系中以相反的旋转次序来描述:先绕 z 轴旋转 ψ 角,再绕 y 轴旋转 θ 角,最后绕 z 轴旋转 φ 角。

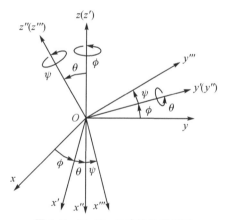

图 2.7　Z-Y-Z 欧拉角的定义

(2) RPY 角

另一种常用的旋转序列是 RPY 角。RPY 角是一种描述船舶在海中航行或飞行器在空中飞行时姿态的方法。如图 2.8(a)所示,将船的行驶方向定义为 z 轴,绕 z 轴的旋转称为滚动(Roll);绕 y 轴的旋转称为俯仰(Pitch);把铅垂方向取为 x 轴,绕 x 轴的旋转称为偏转(Yaw)。这种分别绕 x 轴、y 轴、z 轴规定的转角序列也称为 XYZ 固定角表示法。可以用这种方法定义机器人夹手的姿态,如图 2.8(b)所示。

由上述两种描述方法的定义可知:给定欧拉角或 RPY 角,可以求出与之对应的姿态矩阵 $\boldsymbol{R}$;反之,给定姿态矩阵 $\boldsymbol{R}$,一般都可以求出与之对应的欧拉角或 RPY 角。

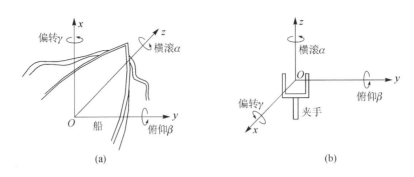

(a)   (b)

图 2.8   RPY 角的定义

2.1.2   机器人运动学

机器人运动学是研究操作臂的运动参数(位置、速度、加速度)与机器人几何参数和时间参数的关系,包括正运动学和逆运动学。其中,机器人正运动学是已知操作臂关节运动,求操作臂末端运动。

1. 机械手位置和姿态的表示

图 2.9 所示为机器人的机械手(或末端)。描述机械手位姿的坐标系置于手爪中心,其原点位置由矢量 P 表示。机械手的位置可以用矢量 P 在固定坐标系的坐标表示为

$$P = [P_x \quad P_y \quad P_z]^{\mathrm{T}}$$

描述机械手位姿的坐标系中三个单位矢量方向规定如下:矢量 a 代表机械手接近物体的方向,称为**接近矢量**;矢量 o 代表机械手的夹持方向,从一个指尖指向另一个指尖,称为**方向矢量**;矢量 n 称为法向矢量,其

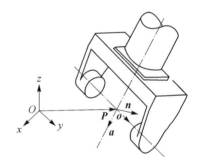

图 2.9   机械手位置和姿态的表示

方向由右手定则确定,$n = o \times a$。故机械手的姿态可用一个 3×3 的旋转矩阵来表示:

$$R = [\begin{matrix} n & o & a \end{matrix}] = \begin{bmatrix} n_x & o_x & a_x \\ n_y & o_y & a_y \\ n_z & o_z & a_z \end{bmatrix}$$

机械手的位姿也可以用一个 4×4 齐次矩阵表示:

$$T = \begin{bmatrix} n_x & o_x & a_x & p_x \\ n_y & o_y & a_y & p_y \\ n_z & o_z & a_z & p_z \\ 0 & o & 0 & 1 \end{bmatrix} \tag{2.16}$$

2. 连杆参数和连杆坐标系

为了用齐次变换矩阵来表示操作臂相邻连杆间的运动关系,首先需要用 4 个参数对连杆和它们的相邻关系进行描述。

(1) 连杆参数

如图 2.10 所示,对于任意一个两端带有关节 $i-1$ 和关节 i 的连杆 $i-1$,可用 2 个参数描

述这两个关节轴线之间的相对空间位置:一个是两个关节轴线沿公法线的距离 a_{i-1},称 a_{i-1} 为连杆 $i-1$ 的长度,a_{i-1} 的方向是由轴线 $i-1$ 指向轴线 i;另一个是垂直于 a_{i-1} 所在平面内两轴线的夹角 α_{i-1},称 α_{i-1} 为连杆 $i-1$ 的扭角,正方向为按照右手定则绕 a_{i-1} 的方向从轴线 $i-1$ 转向轴线 i。当两个关节轴线相交时,两轴线之间的夹角可以在两轴线所在的平面中测量。

(2) 相邻连杆间连接的描述

除运动链第一个连杆(连杆 0)和最后一个连杆(连杆 n)外,任意相邻的连杆 $i-1$ 和连杆 i 均通过关节 i 连接,关节 i 的轴线有两条公法线 a_{i-1} 和 a_i 与之垂直,这两条公法线分别对应轴线 i 的前、后相邻连杆 $i-1$ 和连杆 i,如图 2.11 所示。在轴线 i 上,两条公法线的距离称为连杆 $i-1$ 和连杆 i 的距离,记为 d_i,两条公法线之间的夹角称为两连杆的夹角,记为 θ_i,正方向为按照右手定则绕轴线 i 从 a_{i-1} 转向 a_i。

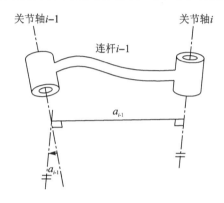 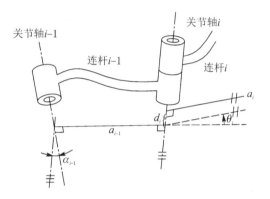

图 2.10 连杆参数的表示　　　　图 2.11 相邻连杆间连接的描述

(3) 连杆坐标系

机器人连杆坐标系的描述是机器人运动学和动力学建模的基础。每个连杆都可以用四个参数来描述,其中参数 a_{i-1} 和 α_{i-1} 用来描述连杆本身,参数 d_i 和 θ_i 用来描述相邻连杆之间的连接关系。这种描述方法由 Denavit 和 Hartenberg 两人发明,通常简称 D-H 法。机器人连杆坐标系的描述通常采用前置坐标系,定义活动连杆 i 的坐标系的 z_i 轴与关节 i 的轴线重合。通常采用 D-H 方法建立机器人的连杆坐标系。

1) 连杆坐标系

为了描述操作臂各连杆之间的运动关系,需要在每个连杆上固接一个连杆坐标系。与基座(连杆 0)固接的坐标系称为基坐标系,与连杆 i 固接的坐标系称为坐标系 $\{i\}$。

连杆之间的连接通常有两种类型:转动关节和移动关节。对于转动关节,θ_i 为关节变量,其他三个连杆参数是固定不变的;对于移动关节,d_i 为关节变量,其他三个连杆参数是固定不变的。

2) 运动链中间位置连杆坐标系($\{i_2\},\cdots,\{i_{n-1}\}$)的定义

确定连杆上的固连坐标系:坐标系 $\{i\}$ 的 z 轴称为 z_i,并与关节 i 轴线重合,坐标系 $\{i\}$ 的原点位于公垂线 a_i 与关节轴 i 的交点处,x_i 沿 a_i 方向由关节 i 指向关节 $i+1$,如图 2.12 所示。当 $a_i=0$ 时,x_i 垂直于 z_i 和 z_{i+1} 所在的平面。按右手定则绕 x_i 轴的扭角定义为 α_i,y_i 轴由右手定则确定。

3）运动链中首端连杆和末端连杆坐标系的定义

基坐标系$\{0\}$可以任意设定。为了让尽可能多的 D-H 参数为 0，通常设定 z_0 轴沿 z_1 的方向，设定基坐标系$\{0\}$与坐标系$\{1\}$重合，因此有 $a_0=0$ 和 $\alpha_0=0$。当关节 1 为转动关节时，$d_1=0$。当关节 1 为移动关节时，$\theta_1=0$。

当 n 为转动关节时，设定 $\theta_n=0$，此时 x_n 轴与 x_{n-1} 轴的方向相同，选取坐标系$\{n\}$的原点位置使之满足 $d_n=0$。当 n 为移动关节时，设定 x_n 轴的方向使之满足 $\theta_n=0$，当 $d_n=0$ 时，选取坐标系$\{n\}$的原点位于 x_{n-1} 轴与 x_n 轴的交点位置。

4）建立连杆坐标系的步骤

作出各关节轴线的延长线，在下面的步骤中仅考虑两个相邻关节的轴线（关节轴 i 和关节轴 $i+1$）：

① 规定 z_i 轴沿关节轴线 i 的指向。

② 找出关节轴线 i 和关节轴线 $i+1$ 之间的公垂线 a_i 或关节轴线 i 和关节轴线 $i+1$ 的交点（$d_i=0$ 时），以公垂线 a_i 与关节轴 i 的交点或关节轴 i 和关节轴 $i+1$ 的交点（$d_i=0$ 时）作为连杆坐标系$\{i\}$的原点。

③ 规定 x_i 轴沿公垂线 a_i 的指向，如果关节轴线 i 和关节轴线 $i+1$ 相交（$d_i=0$ 时），则规定 x_i 轴垂直于关节轴 i 和关节轴 $i+1$ 所在的平面。

④ 按照右手定则确定 y_i 轴。

⑤ 对于坐标系$\{n\}$，其原点和 x_n 的方向可以任意选取。但在选取时，通常应使尽量多的 D-H 参数为 0。

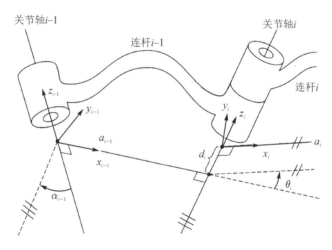

图 2.12　连杆坐标系

3. 操作臂的运动学方程

（1）连杆变换的推导

对任意给定的操作臂，坐标系$\{i\}$相对于坐标系$\{i-1\}$的变换是只有一个变量的函数，另外三个参数由机械结构确定。首先为每个连杆定义三个中间坐标系$\{R\}$、$\{Q\}$和$\{P\}$，P 为连杆 i 上的点，见图 2.13。

绕中间坐标系连续齐次变换，采用从左向右连乘，这个变换关系可以写为

$$^{i-1}\boldsymbol{P} = {}_R^{i-1}\boldsymbol{T}_Q^R\boldsymbol{T}_P^Q\boldsymbol{T}_i^P\boldsymbol{T}^i P \tag{2.17}$$

即

$$^{i-1}\boldsymbol{P} = {}_i^{i-1}\boldsymbol{T}\,{}^i\boldsymbol{P} \tag{2.18}$$

其中，${}_i^{i-1}\boldsymbol{T}$ 表示连杆坐标系 $\{i\}$ 相对于连杆坐标系 $\{i-1\}$ 的齐次变换矩阵：

$$^{i-1}_i\boldsymbol{T} = {}^{i-1}_R\boldsymbol{T}\,{}^R_Q\boldsymbol{T}\,{}^Q_P\boldsymbol{T}\,{}^P_i\boldsymbol{T} \tag{2.19}$$

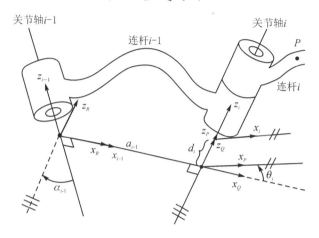

图 2.13　中间坐标系 $\{R\}$，$\{Q\}$ 和 $\{P\}$ 的定义

式（2.19）可以写为

$$^{i-1}_i\boldsymbol{T} = \mathrm{Rot}(x,\alpha_{i-1})\,\mathrm{Trans}(x,a_{i-1})\,\mathrm{Rot}(z,\theta_i)\,\mathrm{Trans}(z,d_i) \tag{2.20}$$

由此得到 ${}^{i-1}_i\boldsymbol{T}$ 的一般表达式：

$$^{i-1}_i\boldsymbol{T} = \begin{bmatrix} \cos\theta_i & -\sin\theta_i & 0 & a_{i-1} \\ \sin\theta_i\cos\alpha_{i-1} & \cos\theta_i\cos\alpha_{i-1} & -\sin\alpha_{i-1} & -\sin\alpha_{i-1}d_i \\ \sin\theta_i\sin\alpha_{i-1} & \cos\theta_i\sin\alpha_{i-1} & \cos\alpha_{i-1} & \cos\alpha_{i-1}d_i \\ 0 & 0 & 0 & 1 \end{bmatrix} \tag{2.21}$$

（2）操作臂的运动学方程

由于操作臂可以看成是由一系列杆件通过关节连接而成的，因此可以将各连杆变换矩阵 ${}^{i-1}_i\boldsymbol{T},i=1,2,\cdots,n-1$ 顺序相乘，便可得到末端连杆坐标系 $\{n\}$ 相对于基坐标系 $\{0\}$ 的齐次变换矩阵：

$$^0_n\boldsymbol{T} = {}^0_1\boldsymbol{T}\,{}^1_2\boldsymbol{T}\cdots{}^{n-1}_n\boldsymbol{T} \tag{2.22}$$

由于 ${}^{i-1}_i\boldsymbol{T},i=1,2,\cdots,n$ 是关节变量 d_i 或 θ_i 的函数，故 ${}^0_n\boldsymbol{T}$ 也是关节变量 d_i 或 θ_i 的函数。

由于机械手（或末端）的位姿可以由式（2.16）描述，因此将式（2.16）代入式（2.22）得

$$\begin{bmatrix} n_x & o_x & a_x & p_x \\ n_y & o_y & a_y & p_y \\ n_z & o_z & a_z & p_z \\ 0 & 0 & 0 & 1 \end{bmatrix} = {}^0_1\boldsymbol{T}\,{}^1_2\boldsymbol{T}\cdots{}^{n-1}_n\boldsymbol{T} \tag{2.23}$$

式（2.23）称为**机器人的运动学方程**，表示机械手位姿与各关节变量之间的关系。

在机器人工程应用中，常常会求解机器人运动学正问题和逆问题。给定式（2.23）等号右边的关节变量 θ_i，可以求出末端的位姿矩阵，这是机器人运动学正问题。反之，给定式（2.23）

等号左边的末端位姿矩阵,可求出与之对应的关节变量 θ_i,这是机器人运动学逆问题。对于串联机器人来说,逆运动学问题往往比较复杂,需要考虑逆解是否存在、逆解的个数以及求解方法等问题。如果使用标准机器人,那么运动学正解和逆解算法已经包含在机器人控制器中,因此用户更关注于机器人的应用问题。

(3) 关节空间、笛卡尔空间和驱动空间

操作臂的连杆位置可由一组 n 个关节变量确定,这样一组变量称为 $n\times1$ 维的关节向量。所有关节向量组成的空间称为**关节空间**。

当机械手的位姿是在直角坐标空间描述时,这个空间称为笛卡儿空间,有时称为任务空间或**操作空间**。

把关节向量表示成一组驱动器函数时,这个向量称为驱动器向量,这个空间称为**驱动空间**。

操作臂运动学正问题:驱动空间→关节空间→笛卡儿空间的描述。

操作臂运动学逆问题:笛卡儿空间→关节空间→驱动空间的描述。

4. 坐标系的命名

坐标系是机器人运动学分析的参考依据。机器人在工业和服务业中的典型应用是机器人抓持物体,将物体移动到指定位置。以这种典型运动为例,除机器人关节坐标系外,需要命名几个专门的直角坐标系,见图2.14。

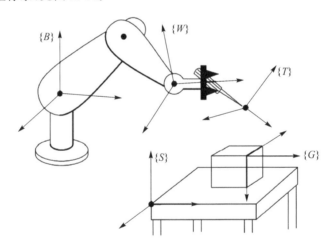

图 2.14 专门坐标系的命名

① **基坐标系{B}**,即坐标系{0},有时称为连杆0。

② **工作台坐标系{S}**,有时称为任务坐标系或工件坐标系,工作台坐标系通常相对于基坐标系确定,即 ${}_S^B\boldsymbol{T}$。

③ **腕部坐标系{W}**,腕部坐标系{W}附于操作臂的末端连杆上,也可称为坐标系{n},可由基坐标系{B}确定,即 ${}_W^B\boldsymbol{T}={}_n^0\boldsymbol{T}$。

④ **工具坐标系{T}**,工具坐标系{T}位于机械手的末端。

⑤ **目标坐标系{G}**,目标坐标系{G}是对机器人移动工具到达位置的描述。

⑥ **工具的位置。**

操作臂的主要问题之一是确定它所夹持的工具(或夹持器)相对于工件坐标系的位姿,也

就是说需要计算工具坐标系 $\{T\}$ 相对于工件坐标系 $\{S\}$ 的变换矩阵:

$$_T^S\boldsymbol{T} = _W^B\boldsymbol{T}^{-1}{}_T^B\boldsymbol{T}_T^W\boldsymbol{T} \tag{2.24}$$

上式有时称为**定位函数**,用该变换方程可计算出工具相对于工件的位置。

2.1.3 速度雅可比

本节讨论操作空间速度与关节空间速度的线性映射关系——速度雅可比。在机器人学中,通常使用速度雅可比矩阵进行关节速度与操作臂末端直角坐标速度的变换:

$$\boldsymbol{V} = \boldsymbol{J}(\boldsymbol{q})\dot{\boldsymbol{q}} \tag{2.25}$$

式中,$\boldsymbol{q}$ 是操作臂关节角向量,$\boldsymbol{V} = \dot{\boldsymbol{X}}$ 是操作臂末端直角坐标速度向量。对于任意已知的操作臂位形,关节速度和操作臂末端速度的关系是线性的,然而这种线性关系仅是瞬时的。

例 2.2 已知图 2.15 所示为 R-P 机械臂,包括两个关节:第一个为旋转关节,关节变量为 θ;第二个为移动关节,关节变量为 r。求雅可比矩阵 $\boldsymbol{J}(\boldsymbol{q})$。

解: 机械臂的运动方程为

$$\left.\begin{array}{l} x = r\cos\theta \\ y = r\sin\theta \end{array}\right\} \tag{2.26}$$

两端对时间 t 求导得

$$\left.\begin{array}{l} \dot{x} = -\dot{\theta}r\sin\theta + \dot{r}\cos\theta \\ \dot{y} = \dot{\theta}r\cos\theta + \dot{r}\sin\theta \end{array}\right\} \tag{2.27}$$

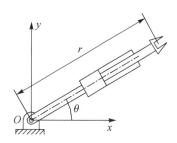

图 2.15 R-P 平面机械手

将其改写成向量形式为

$$\boldsymbol{V}_{2\times1} = \boldsymbol{J}(\boldsymbol{q})_{2\times2}\dot{\boldsymbol{q}}_{2\times1} \tag{2.28}$$

式中,$\boldsymbol{V} = \begin{bmatrix} \dot{x} & \dot{y} \end{bmatrix}^{\mathrm{T}}$ 为操作臂末端速度向量,$\dot{\boldsymbol{q}}$ 为操作臂关节速度向量,则 $\boldsymbol{J}(\boldsymbol{q}) = \begin{bmatrix} -r\sin\theta & \cos\theta \\ r\cos\theta & \sin\theta \end{bmatrix}$ 为雅可比矩阵。由式(2.28)可以看出,操作臂的雅可比矩阵 $\boldsymbol{J}$ 表示从关节空间向操作空间运动速度传递的广义传动比。

2.1.4 奇异性

由式(2.25)可知,当操作臂末端操作速度给定时,可以求出相应的关节速度:

$$\dot{\boldsymbol{q}} = \boldsymbol{J}^{-1}\boldsymbol{V} \tag{2.29}$$

当 $\boldsymbol{J}$ 的行列式值 $|\det(\boldsymbol{J}(\boldsymbol{q}))| = 0$ 时,逆雅可比矩阵 $\boldsymbol{J}^{-1}$ 不存在,这时,即使 $\boldsymbol{V}$ 比较小,而与其对应的关节速度 $\dot{\boldsymbol{q}}$ 可能变为无穷大,操作臂的控制系统难以实现所需的关节速度,此时操作臂所处的位形称为奇异位形,这些位形就称为**机构的奇异位形**或简称**奇异性**。因此,可以根据雅可比矩阵的行列式的值是否为零,来判断机器人是否处于奇异状态。

例 2.3 已知对于图 2.16 所示的 2R 平面操作臂,求奇异位形的位置。

解: 2R 平面操作臂运动学方程为

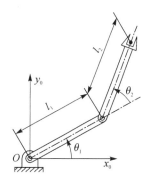

图 2.16 2R 平面操作臂

$$x = l_1\cos\theta_1 + l_2\cos(\theta_1 + \theta_2)$$
$$y = l_1\sin\theta_1 + l_2\sin(\theta_1 + \theta_2)$$

将上式两端对时间 t 求导,可得操作速度与关节速度的关系:

$$\begin{bmatrix} \dot{x} \\ \dot{y} \end{bmatrix} = \begin{bmatrix} -l_1\sin\theta_1 - l_2\sin(\theta_1 + \theta_2) & -l_2\sin(\theta_1 + \theta_2) \\ l_1\cos\theta_1 + l_2\cos(\theta_1 + \theta_2) & l_2\cos(\theta_1 + \theta_2) \end{bmatrix} \begin{bmatrix} \dot{\theta}_1 \\ \dot{\theta}_2 \end{bmatrix}$$

即
$$\boldsymbol{V} = \boldsymbol{J}\dot{\boldsymbol{q}}$$

式中,雅可比矩阵为

$$\boldsymbol{J} = \begin{bmatrix} -l_1\sin\theta_1 - l_2\sin(\theta_1 + \theta_2) & -l_2\sin(\theta_1 + \theta_2) \\ l_1\cos\theta_1 + l_2\cos(\theta_1 + \theta_2) & l_2\cos(\theta_1 + \theta_2) \end{bmatrix}$$

可以求得雅可比矩阵行列式的值为

$$|\boldsymbol{J}| = \begin{vmatrix} -l_1\sin\theta_1 - l_2\sin(\theta_1 + \theta_2) & -l_2\sin(\theta_1 + \theta_2) \\ l_1\cos\theta_1 + l_2\cos(\theta_1 + \theta_2) & l_2\cos(\theta_1 + \theta_2) \end{vmatrix} = l_1 l_2\sin\theta_2$$

由上式可知,当 $\theta_2 = 0$ 或 $\theta_2 = \pi$ 时,$|\boldsymbol{J}| = 0$,操作臂处于奇异状态。当 $\theta_2 = 0$ 时,操作臂完全展开,此时末端执行器仅可以沿着笛卡儿坐标的某个方向(垂直于手臂方向)运动。因此,操作臂失去了一个自由度。同样,当 $\theta_2 = \pi$ 时,操作臂完全收回,手臂也只能沿着一个方向运动。由于这类奇异位形处于操作臂工作空间的边界上,因此将它们称为工作空间边界的奇异位形。

例 2.4 已知:图 2.17 所示的空间 3R 机器人,求:①运动学正解;②速度雅可比;③奇异位形;④运动学逆解。

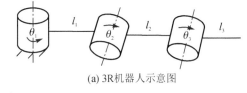

(a) 3R机器人示意图

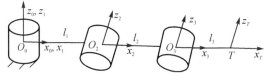

(b) 3R机器人的连杆坐标系

图 2.17 3R 机器人模型

解:

① 运动学正解(D-H 法)

用 D-H 方法建立连杆坐标系,如图 2.17(b)所示。按照 D-H 参数定义得到各连杆坐标系的 D-H 参数,如表 2.1 所列。

表 2.1 D-H 参数表

i	α_{i-1}	a_{i-1}	d_i	θ_i
1	0	0	0	θ_1
2	$-90°$	l_1	0	θ_2
3	$0°$	l_2	0	θ_3

由式(2.21)得到第 $\{i\}$ 个连杆坐标系相对于第 $\{i-1\}$ 连杆坐标系的齐次变换矩阵 $_i^{i-1}\boldsymbol{T}$:

$$_i^{i-1}\boldsymbol{T} = \begin{bmatrix} \cos\theta_i & -\sin\theta_i & 0 & a_{i-1} \\ \sin\theta_i\cos\alpha_{i-1} & \cos\theta_i\cos\alpha_{i-1} & -\sin\alpha_{i-1} & -\sin\alpha_{i-1}d_i \\ \sin\theta_i\sin\alpha_{i-1} & \cos\theta_i\sin\alpha_{i-1} & \cos\alpha_{i-1} & \cos\alpha_{i-1}d_i \\ 0 & 0 & 0 & 1 \end{bmatrix} \tag{2.30}$$

逐行代入表 2.1 中的 D - H 参数,可得

$$_1^0\boldsymbol{T} = \begin{bmatrix} \cos\theta_1 & -\sin\theta_1 & 0 & 0 \\ \sin\theta_1 & \cos\theta_1 & 0 & 0 \\ 0 & 0 & 1 & 0 \\ 0 & 0 & 0 & 1 \end{bmatrix}, \quad _2^1\boldsymbol{T} = \begin{bmatrix} \cos\theta_2 & -\sin\theta_2 & 0 & l_1 \\ 0 & 0 & 1 & 0 \\ -\sin\theta_2 & -\cos\theta_2 & 0 & 0 \\ 0 & 0 & 0 & 1 \end{bmatrix},$$

$$_3^2\boldsymbol{T} = \begin{bmatrix} \cos\theta_3 & -\sin\theta_3 & 0 & l_2 \\ \sin\theta_3 & \cos\theta_3 & 0 & 0 \\ 0 & 0 & 1 & 0 \\ 0 & 0 & 0 & 1 \end{bmatrix}, \quad _T^3\boldsymbol{T} = \begin{bmatrix} 1 & 0 & 0 & l_3 \\ 0 & 1 & 0 & 0 \\ 0 & 0 & 1 & 0 \\ 0 & 0 & 0 & 1 \end{bmatrix}$$

从而,建立 3R 机器人的运动学方程:

$$_T^0\boldsymbol{T} = {}_1^0\boldsymbol{T}{}_2^1\boldsymbol{T}{}_3^2\boldsymbol{T}{}_T^3\boldsymbol{T} = \begin{bmatrix} n_x & o_x & a_x & p_x \\ n_y & o_y & a_y & p_y \\ n_z & o_z & a_z & p_z \\ 0 & 0 & 0 & 1 \end{bmatrix} \tag{2.31}$$

进一步可得

$$\begin{bmatrix} p_x \\ p_y \\ p_z \end{bmatrix} = \begin{bmatrix} l_1\cos\theta_1 + l_2\cos\theta_1\cos\theta_2 + l_3\cos\theta_1\cos\theta_{23} \\ l_1\sin\theta_1 + l_2\sin\theta_1\cos\theta_2 + l_3\sin\theta_1\cos\theta_{23} \\ -l_2\sin\theta_2 - l_3\sin\theta_{23} \end{bmatrix} \tag{2.32}$$

② 速度雅可比

由式(2.32)可得

$$\begin{aligned} p_x &= l_1\cos\theta_1 + l_2\cos\theta_1\cos\theta_2 + l_3\cos\theta_1 c\theta_{23} \\ p_y &= l_1\sin\theta_1 + l_2\sin\theta_1\cos\theta_2 + l_3\sin\theta_1\cos\theta_{23} \\ p_z &= -l_2\sin\theta_2 - l_3\sin\theta_{23} \end{aligned} \tag{2.33}$$

对上式两边取微分:

$$\dot{p}_x = -\sin\theta_1(l_1 + l_2\cos\theta_2 + l_3\cos\theta_{23})\dot{\theta}_1 - \cos\theta_1(l_2\sin\theta_2 + l_3\sin\theta_{23})\dot{\theta}_2 - l_3\cos\theta_1\sin\theta_{23}\dot{\theta}_3$$

$$\dot{p}_y = \cos\theta_1(l_1 + l_2\cos\theta_2 + l_3\cos\theta_{23})\dot{\theta}_1 - \sin\theta_1(l_2\sin\theta_2 + l_3\sin\theta_{23})\dot{\theta}_2 - l_3\sin\theta_1\sin\theta_{23}\dot{\theta}_3$$

$$\dot{p}_z = -(l_2\cos\theta_2 + l_3\cos\theta_{23})\dot{\theta}_2 - l_3\cos\theta_{23}\dot{\theta}_3$$

$$\tag{2.34}$$

空间 3R 机器人有 3 个关节,因此雅可比矩阵 $\boldsymbol{J}(\boldsymbol{q})$ 是 3×3 阶矩阵,由式(2.34)得

$$\boldsymbol{J}(\boldsymbol{q}) = \begin{bmatrix} -\sin\theta_1(l_1 + l_2\cos\theta_2 + l_3\cos\theta_{23}) & -\cos\theta_1(l_2\sin\theta_2 + l_3\sin\theta_{23}) & -l_3\cos\theta_1\sin\theta_{23} \\ \cos\theta_1(l_1 + l_2\cos\theta_2 + l_3\cos\theta_{23}) & -\sin\theta_1(l_2\sin\theta_2 + l_3\sin\theta_{23}) & -l_3\sin\theta_1\sin\theta_{23} \\ 0 & -l_2\mathrm{com}\theta_2 - l_3\mathrm{com}\theta_{23} & -l_3\cos\theta_{23} \end{bmatrix}$$

$$\tag{2.35}$$

③ 奇异位形

雅可比矩阵 $J(q)$ 行列式的值为

$$|J(q)| = \begin{vmatrix} -\sin\theta_1(l_1+l_2\cos\theta_2+l_3\cos\theta_{23}) & -\cos\theta_1(l_2\sin\theta_2+l_3\sin\theta_{23}) & -l_3\cos\theta_1\sin\theta_{23} \\ \cos\theta_1(l_1+l_2\cos\theta_2+l_3\cos\theta_{23}) & -\sin\theta_1(l_2\sin\theta_2+l_3\sin\theta_{23}) & -l_3\sin\theta_1\sin\theta_{23} \\ 0 & -l_2\cos\theta_2-l_3\cos\theta_{23} & -l_3\cos\theta_{23} \end{vmatrix}$$

$$= (l_1+l_2\cos\theta_2+l_3\cos\theta_{23})l_2l_3\sin\theta_3$$

$$(2.36)$$

假设 $l_1=l_2=l_3=l$，当 $\theta_3=0°$ 或 $180°$ 或 $1+\cos\theta_2+\cos\theta_{23}=0$，行列式的值为 0，$J^{-1}(q)$ 不存在，3R 机器人处于奇异位形。

④ 运动学逆解（几何法）

运动学逆解的求解就是已知 $[p_x \quad p_y \quad p_z]^T$，求关节角度 $[\theta_1 \quad \theta_2 \quad \theta_3]^T$。由式(2.33)可得

$$\theta_1 = \text{atan2}(p_y, p_x)$$

$$\theta_3 = \text{acos}\frac{\left(\dfrac{p_x}{\cos\theta_1}-l_1\right)^2 + p_z^2 - l_2^2 - l_3^2}{2l_2l_3}$$

$$\theta_2 = -\text{atan2}\left(l_2 \pm \sqrt{l_2^2+l_3^2-p_z^2+2l_2l_3\cos\theta_3}+l_3\cos\theta_3, p_z-l_3\sin\theta_3\right)$$

$$(2.37)$$

由式(2.37)可知，当 3R 机器人末端位置给定时，存在两个运动学逆解，即两组关节角对应同一末端位置。

2.2　机器人力学

机器人运动学仅研究机器人的运动，然而机器人在执行任务时必然会受到力的作用。机器人(操作臂)力学就是研究机器人运动和作用力之间的关系。

建立机器人动力学模型的力学原理主要有：① 力法，即牛顿-欧拉(Newton - Euler)方法等；② 能量法，即拉格朗日(Lagrange)方法等。

研究目的：机器人结构及驱动器设计；动态仿真和优化设计；实时控制。

2.2.1　机器人静力学

机器人静力学就是在不考虑重力的情况下，确定机器人末端执行器的受力(静力和静力矩)与各关节驱动力的平衡关系，以确定末端执行器承受静负载时所需的一组关节力矩。

定义：f_i = 连杆 $i-1$ 作用在连杆 i 上的力；n_i = 连杆 $i-1$ 作用在连杆 i 上的力矩。f_{i+1} = 连杆 $i+1$ 反作用在连杆 i 上的力；n_{i+1} = 连杆 $i+1$ 反作用在连杆 i 上的力矩。$^i P_{i+1}$ 为连杆 $i+1$ 坐标系原点在连杆坐标系 i 中的位置矢量。

连杆 i 的静力平衡关系见图 2.18。

机器人静力学就是根据机器人连杆 i 的静力平衡关系(见图 2.18)从末端连杆到基座(连杆 0)进行迭代计算。

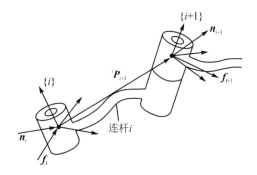

图 2.18　单个连杆的静力平衡关系

2.2.2　力雅可比

机器人末端受到外力 $\boldsymbol{f}_{n+1}$ 和外力矩 $\boldsymbol{n}_{n+1}$ 组合成 6 维列阵(向量),见图 2.18:

$$\boldsymbol{F} = \begin{bmatrix} \boldsymbol{f}_{n+1} \\ \boldsymbol{n}_{n+1} \end{bmatrix} \tag{2.38}$$

上式称为末端广义力列阵(向量)。

各关节驱动力(矩)组成的 n 维列阵(向量)为

$$\boldsymbol{\tau} = \begin{bmatrix} \tau_1 & \tau_2 & \cdots & \tau_n \end{bmatrix}^{\mathrm{T}} \tag{2.39}$$

上式称为关节力矩列阵(向量)。

将 $\boldsymbol{\tau}$ 看作输入,$\boldsymbol{F}$ 看作输出,下面导出 $\boldsymbol{\tau}$ 与 $\boldsymbol{F}$ 的关系。

令各关节的虚位移列阵为 $\delta \boldsymbol{q} = \begin{bmatrix} \delta q_1 & \delta q_2 & \cdots & \delta q_n \end{bmatrix}^{\mathrm{T}}$,机器人末端的虚位移列阵为 $\delta \boldsymbol{X} = \begin{bmatrix} \delta_x & \delta_y & \delta_z & \delta\theta_x & \delta\theta_y & \delta\theta_z \end{bmatrix}^{\mathrm{T}}$。各关节所做的虚功之和为

$$\delta W = \boldsymbol{\tau}^{\mathrm{T}} \delta \boldsymbol{q} = \tau_1 \delta q_1 + \tau_2 \delta q_2 + \cdots + \tau_n \delta q_n \tag{2.40}$$

机器人末端所做的虚功为

$$\delta W = \boldsymbol{F}^{\mathrm{T}} \delta \boldsymbol{X} = f_x \delta_x + f_y \delta_y + f_z \delta_z + n_x \delta\theta_x + n_y \delta\theta_y + n_z \delta\theta_z \tag{2.41}$$

根据虚功原理,机器人在平衡情况下,由任意虚位移产生的虚功总和为零,即

$$\boldsymbol{\tau}^{\mathrm{T}} \delta \boldsymbol{q} = \boldsymbol{F}^{\mathrm{T}} \delta \boldsymbol{X} \tag{2.42}$$

上式中,$\delta \boldsymbol{q}$ 和 $\delta \boldsymbol{X}$ 应满足几何约束条件(两者之间的微分几何约束可由速度雅可比矩阵 $\boldsymbol{J}(\boldsymbol{q})$ 得到),由式(2.25)得

$$\delta \boldsymbol{X} = \boldsymbol{J} \delta \boldsymbol{q} \tag{2.43}$$

将式(2.43)代入式(2.42)得

$$\boldsymbol{\tau} = \boldsymbol{J}^{\mathrm{T}} \boldsymbol{F} \tag{2.44}$$

上式中,$\boldsymbol{J}^{\mathrm{T}}$ 为力雅可比矩阵,是末端广义外力向关节驱动力矩的映射。

注意:若 $\boldsymbol{J}$ 不是满秩则机器人处于奇异位形,很小的 $\boldsymbol{\tau}$ 会产生很大的 $\boldsymbol{F}$,即力域与位移域一样存在奇异状态。

2.2.3　惯量参数

对于做定轴转动的刚体,刚体的质量分布可用转动惯量来描述。当一个刚体在三维空间绕任意轴做旋转运动时,用惯量张量描述刚体的质量分布。

刚体的惯量张量以建立在刚体上的坐标系$\{A\}$表示,见图 2.19,图中$^A\boldsymbol{P} = \begin{bmatrix} x & y & z \end{bmatrix}^{\mathrm{T}}$表示单元体 dv 的位置矢量,坐标系$\{A\}$中的惯量张量表示如下:

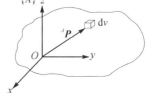

$$^A\boldsymbol{I} = \begin{bmatrix} I_{xx} & -I_{xy} & -I_{xz} \\ -I_{xy} & I_{yy} & -I_{yz} \\ -I_{xz} & -I_{yz} & I_{zz} \end{bmatrix} \qquad (2.45)$$

图 2.19 描述物体质量分布的惯量张量

式中,左上标 A 表明惯量张量所在的坐标系。矩阵中的各元素为

$$\left. \begin{aligned} I_{xx} &= \iiint_V (y^2 + z^2)\rho\,dv \\ I_{yy} &= \iiint_V (x^2 + z^2)\rho\,dv \\ I_{zz} &= \iiint_V (x^2 + y^2)\rho\,dv \\ I_{xy} &= \iiint_V xy\rho\,dv \\ I_{yz} &= \iiint_V yz\rho\,dv \\ I_{xz} &= \iiint_V xz\rho\,dv \end{aligned} \right\} \qquad (2.46)$$

式中,ρ 为单元体的密度。

I_{xx},I_{yy} 和 I_{zz} 称为**惯量矩**,其余三个交叉项称为**惯量积**,这六个参量是相互独立的。当刚体的惯量积为零时,坐标系的轴被称为**惯量主轴**,而相应的惯量矩被称为**主惯量矩**。

平行移轴定理描述了一个以刚体质心为原点的坐标系平移到另一个坐标系时惯量张量的变换关系。假设$\{C\}$是以刚体质心 C 为原点的坐标系,$\{A\}$为任意平移后的坐标系,则由平行移轴定理可得

$$\begin{aligned} ^A I_{zz} &= {}^C I_{zz} + m(x_C^2 + y_C^2) \\ ^A I_{xy} &= {}^C I_{xy} - mx_C y_C \end{aligned} \qquad (2.47)$$

式中,m 为刚体的质量。

其余的惯量矩和惯量积都可以通过式(2.47)交换 x_C,y_C 和 z_C 的顺序计算而得。

大多数机器人连杆的几何形状及结构组成都比较复杂,因而很难直接应用式(2.46)求解惯量参数。在实际应用,可以利用 CAD 软件辅助求解,还可使用测量装置(例如惯性摆)来测量每个连杆的惯量矩。

2.2.4 牛顿-欧拉递推动力学方程(力法)

连杆运动所需的力是关于连杆加速度及质量分布的函数。牛顿-欧拉方程描述了刚体上的力、惯量和加速度之间的关系。

由《理论力学》可知牛顿方程描述作用在移动刚体质心上的力;欧拉方程描述作用在转动刚体上的力。如果已知关节的位置 $\boldsymbol{q}$、速度 $\dot{\boldsymbol{q}}$ 和加速度 $\ddot{\boldsymbol{q}}$,则结合机器人运动学和质量分布(惯量参数),可以计算机器人给定运动轨迹时驱动关节运动所需的力矩。

有关这方面的内容可参见高等教育出版社《机器人学导论》第 3 章 3.5 节。

2.2.5　拉格朗日动力学(能量法)

牛顿-欧拉方程是解决动力学问题的力平衡方法(简称"力法"),而拉格朗日方程则是一种基于能量的动力学方法(简称"能量法")。对于同一个机器人来说,两种方法得到的结果是相同的。

简约形式的拉格朗日方程特指考虑机器人连杆惯量且将机器人连杆视为集中质量的一种动力学描述。而**机器人的拉格朗日方程**是将机器人连杆视为分布质量的刚体的一种动力学描述。

有关这方面的内容可参见《机器人学导论》(参考文献[1])第 3 章的 3.6 节。

这里直接给出机器人动力学的一般形式:

$$\boldsymbol{\tau} = \boldsymbol{M}(\boldsymbol{q})\ddot{\boldsymbol{q}} + \boldsymbol{H}(\boldsymbol{q},\dot{\boldsymbol{q}}) + \boldsymbol{G}(\boldsymbol{q}) \tag{2.48}$$

式中,

$\boldsymbol{\tau} = [\tau_1 \ \cdots \ \tau_n]^\mathrm{T}$ 为加在各关节上的 $n\times1$ 阶(n 维)的广义力矩列阵(向量);

$\boldsymbol{q} = [q_1 \ \cdots \ q_n]^\mathrm{T}$ 为机器人的广义关节位置(坐标)列阵(向量);

$\boldsymbol{M}(\boldsymbol{q})$ 为机器人的质量矩阵,是 $n\times n$ 阶的对称矩阵;

$\boldsymbol{H}(\boldsymbol{q},\dot{\boldsymbol{q}})$ 为机器人的哥氏力和离心力列阵(向量);

$\boldsymbol{G}(\boldsymbol{q})$ 为机器人的重力列阵(向量)。

对于**动力学正问题**,给定 $\tau_i = \tau_i(t), i=1,2,\cdots,n$,一般可通过积分求出相应的关节运动 $\boldsymbol{q}$,再通过齐次变换矩阵求出末端运动规律 $\boldsymbol{X}(t)$。

对于**动力学逆问题**,给定关节坐标 $\boldsymbol{q}$、关节速度 $\dot{\boldsymbol{q}}$、关节加速度 $\ddot{\boldsymbol{q}}$,则可计算出 $\boldsymbol{\tau}$。

2.2.6　关节空间与操作空间动力学

1. 关节空间动力学方程

式(2.48)给出了机器人动力学方程的形式,如果把 $\boldsymbol{q}$ 和 $\dot{\boldsymbol{q}}$ 当作状态变量,则式(2.48)就是状态方程,也称为关节空间的动力学方程。

2. 操作空间(直角坐标空间)动力学方程

关节空间:由关节坐标(位置)列阵(向量)$\boldsymbol{q} = [q_1 \ q_2 \ \cdots \ q_n]^\mathrm{T}$ 组成的空间。

操作空间:由机器人末端的位姿列阵(向量)$\boldsymbol{X} = [x \ y \ z \ \theta_x \ \theta_y \ \theta_z]^\mathrm{T}$ 组成的空间。

对照关节空间中的动力学方程式(2.48),操作空间中的动力学方程可写成

$$\boldsymbol{F} = \boldsymbol{M}_X(\boldsymbol{q})\ddot{\boldsymbol{X}} + \boldsymbol{H}_X(\boldsymbol{q},\dot{\boldsymbol{q}}) + \boldsymbol{G}_X(\boldsymbol{q}) \tag{2.49}$$

式中,$\boldsymbol{M}_X(\boldsymbol{q})$ 是 6×6 阶的直角坐标系下的质量矩阵;$\boldsymbol{H}_X(\boldsymbol{q},\dot{\boldsymbol{q}})$ 是 6 维直角坐标系下的离心力和哥氏力列阵(向量);$\boldsymbol{G}_X(\boldsymbol{q})$ 是 6 维重力列阵(向量)。

2.2.7　动力学性能指标

1. 广义惯性椭球 GIE

在低速情况下,式(2.49)中的 $\boldsymbol{H}_X(\boldsymbol{q},\dot{\boldsymbol{q}}) \approx 0$,且不计重力影响,$\boldsymbol{G}_X(\boldsymbol{q})=0$,由式(2.49)得

$$\boldsymbol{F} = \boldsymbol{M}_X(\boldsymbol{q})\ddot{\boldsymbol{X}} \tag{2.50}$$

广义惯性椭球 GIE(General Inertia Ellipsoid)是用操作空间的质量矩阵 $\boldsymbol{M}_X(\boldsymbol{q})$ 的特征值表示在操作空间中机器人各个方向的加速特征。

对于 $n \times n$ 阶质量矩阵 $\boldsymbol{M}_X(\boldsymbol{q})$，二次型：

$$\boldsymbol{X}^{\mathrm{T}} \boldsymbol{M}_X(\boldsymbol{q}) \boldsymbol{X} = 1 \tag{2.51}$$

表示在 n 维操作空间的一个椭球，即广义惯性椭球。式(2.51)的主轴方向就是 $\boldsymbol{M}_X(\boldsymbol{q})$ 的特征矢量方向，椭球主轴的长度等于 $\boldsymbol{M}_X(\boldsymbol{q})$ 特征值的平方根。

用 GIE 描述加速特性的特点是具有几何直观性，见图 2.20。当椭球趋近于球时，动力学性能不断提高；当椭球＝球时，则为动力学各向同性。

图 2.20　2R 平面机器人的广义惯性椭球(虚线上的圆表示工作空间中具有各向同性的点)

2. 动态可操作性椭球 DME

Yoshikawa 提出用动态可操作性椭球 DME(Dynamic Manipulability Ellipsoid)衡量机器人的可操作性。

Yoshikawa 基于 $\boldsymbol{J}(\boldsymbol{q})$ 定义机器人的动态可操作性指标：

$$w = \sqrt{\det(\boldsymbol{J}(\boldsymbol{q})\boldsymbol{J}^{\mathrm{T}}(\boldsymbol{q}))} \tag{2.52}$$

w 越大，动态可操作性越好。有关这方面的内容可参见《机器人学导论》(参考文献[1])第 3 章 3.8 节。

2.3　机器人轨迹生成

在机器人运动学中没有考虑时间变量，而在实际机器人运动中，关节运动或末端运动都是随时间变化的。机器人轨迹生成方法是研究机器人关节空间或直角坐标空间的运动随时间的变化规律。

2.3.1　机器人轨迹与路径

轨迹是描述操作臂在空间中的期望运动，指的是机器人每个自由度(或每个关节)的位置、速度和加速度随时间变化的规律。**路径**则是指机器人运动的几何描述。有时候这二者并不严格区分。

轨迹生成是指通过机器人运动学计算机器人的运动轨迹。在轨迹生成期间内，计算机需要计算机器人各关节的位置、速度和加速度，而轨迹点是以某种速率被计算的，叫作**路径更新速率**。

将操作臂从初始位置移动到最终期望位置,也就是将工具坐标系$\{T\}$从当前值$\{T_\text{in}\}$移动到最终期望值$\{T_f\}$,如图 2.21 所示。

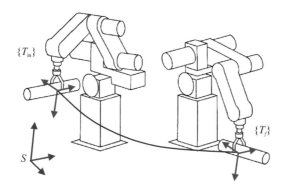

图 2.21　在执行轨迹的过程中,操作臂以平滑的方式从初始位置运动到期望的目标位置

路径点包括了机器人运动轨迹上所有的中间点,以及初始点和最终点。有时可能还需要指定各中间点之间的时间间隔。任何在规定的时间内通过中间点的连续函数都可以用来确定精确的路径。

连续路径运动是在路径描述中给出一系列的期望**中间点**(位于初始位置和最终期望位置之间的过渡点)。为了完成这个运动,工具坐标系必须经过中间点所描述的一系列过渡位置与姿态。

一般希望操作臂的运动是平滑的,因此希望运动轨迹的一阶导数连续,有时还希望二阶导数也是连续的,否则会加剧机构磨损,引起操作臂振动。

2.3.2　关节空间轨迹生成方法

关节空间规划方法就是以关节角度的函数来描述轨迹的轨迹生成方法。

每个路径点通常是用工具坐标系$\{T\}$相对于工作台坐标系$\{S\}$的位置和姿态来确定的。应用逆运动学求出轨迹中每个路径点对应的关节角,就得到了经过各中间点并终止于目标点的 n 个关节的平滑函数。

1. 三次多项式插值

(1) 三次多项式运动路径曲线

机器人控制器只能计算出离散数据点,插值就是在离散数据的基础上补插连续函数,使得这条连续函数曲线通过全部给定的离散数据点。

已知操作臂的初始位姿,并且用一组关节角描述。现在要确定每个关节的运动函数,设该关节初始位置的时刻为t_0,目标位置的时刻为t_f,某一关节角为$\theta(t)$,如图 2.22 所示。

为了获得一条确定的光滑运动曲线,至少需要对$\theta(t)$确定 4 个约束条件。由初始值和最终值可得到两个约束条件:

$$\left.\begin{array}{l}\theta(0)=\theta_0\\\theta(t_f)=\theta_f\end{array}\right\}\tag{2.53}$$

另外两个约束条件需要保证关节速度连续,即在初始时刻和终止时刻的关节速度为零:

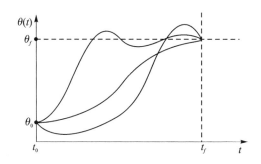

图 2.22 某一关节可以选用的几种可能的路径曲线

$$\left.\begin{array}{l}\dot{\theta}(0)=0\\\dot{\theta}(t_f)=0\end{array}\right\} \tag{2.54}$$

三次多项式有四个系数,所以它能够满足式(2.53)和式(2.54)的 4 个约束条件。这些约束条件唯一确定了一个三次多项式:

$$\theta(t)=a_0+a_1t+a_2t^2+a_3t^3 \tag{2.55}$$

对应于该路径的关节速度和加速度为

$$\left.\begin{array}{l}\dot{\theta}(t)=a_1+2a_2t+3a_3t^2\\\ddot{\theta}(t)=2a_2+6a_3t\end{array}\right\} \tag{2.56}$$

把上述 4 个约束条件代入式(2.55)和式(2.56)可以得到含有 4 个未知量的 4 个方程:

$$\left.\begin{array}{l}\theta_0=a_0\\\theta_f=a_0+a_1t_f+a_2t_f^2+a_3t_f^3\\0=a_1\\0=a_1+2a_2t_f+3a_3t_f^2\end{array}\right\} \tag{2.57}$$

解出上式中的 a_i,可以得到

$$\left.\begin{array}{l}a_0=\theta_0\\a_1=0\\a_2=\dfrac{3}{t_f^2}(\theta_f-\theta_0)\\a_3=-\dfrac{2}{t_f^3}(\theta_f-\theta_0)\end{array}\right\} \tag{2.58}$$

注意:该式仅适用于起始关节角速度与终止关节角速度均为零的情况。

(2) 具有中间点的路径的三次多项式

前面得出了在确定的时间间隔到达最终目标点的运动,而在一般情况下需要确定包含中间点的路径。这时可以把两个相邻的中间点看成是起始点和终止点,这两点的速度约束条件不再为零,式(2.55)的约束条件变为

$$\left.\begin{array}{l}\dot{\theta}(0)=\dot{\theta}_0\\\dot{\theta}(t_f)=\dot{\theta}_f\end{array}\right\} \tag{2.59}$$

描述这个一般三次多项式的四个方程为

$$
\left.\begin{aligned}
\theta_0 &= a_0 \\
\theta_f &= a_0 + a_1 + a_2 t_f^2 + a_3 t_f^3 \\
\dot{\theta}_0 &= a_1 \\
\dot{\theta}_f &= a_1 + 2a_2 t_f + 3a_3 t_f^2
\end{aligned}\right\}
\tag{2.60}
$$

求解式(2.60)中的多项式系数 a_i，可以得到

$$
\left.\begin{aligned}
a_0 &= \theta_0 \\
a_1 &= \dot{\theta}_0 \\
a_2 &= \frac{3}{t_f^2}(\theta_f - \theta_0) - \frac{2}{t_f}\dot{\theta}_0 - \frac{1}{t_f}\dot{\theta}_f \\
a_3 &= -\frac{2}{t_f^3}(\theta_f - \theta_0) + \frac{1}{t_f^2}(\dot{\theta}_f + \dot{\theta}_0)
\end{aligned}\right\}
\tag{2.61}
$$

由上式可求出任何起始和终止位置以及任何起始和终止速度的三次多项式。

有关确定中间点处关节速度的方法可以参见《机器人学导论》(参考文献[1])第 4 章 4.2.1 节。

2. 五次多项式插值

确定任意路径的起始点和终止点的位置、速度和加速度，还可以用五次多项式进行插值。其过程与三次多项式插值相似。可以参见《机器人学导论》(参考文献[1])第 4 章 4.2.2 节。

3. 带抛物线过渡的线性插值

带抛物线过渡的线性插值方法的运行效率较高，可用于搬运、码垛等任务的轨迹生成。

(1) 带抛物线过渡的线性插值的运动路径曲线

对于直线路径轨迹，可从当前的关节位置进行线性插值直到终止位置，如图 2.23 所示。但是线性插值将会使起始点和终止点的关节运动速度不连续。

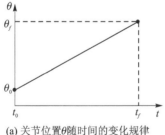
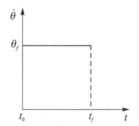

(a) 关节位置 θ 随时间的变化规律　　　　(b) 关节速度 $\dot{\theta}$ 随时间的变化规律

图 2.23　线性插值会导致无穷大的加速度

为了生成一条位置和速度都连续的平滑运动轨迹，可采用图 2.24 所示的方法，将直线段和两个抛物线区段组合成一条完整的位置与速度均连续的路径。

假设两端的抛物线段的持续时间相同，因此在这两个过渡区段中加速度的绝对值相同，如图 2.25 所示。这里存在有多个解，但是每个解都对称于时间中点 t_h 和位置中点 θ_h。由于过渡区段终点的速度必须等于直线部分的速度，因此有

$$
\ddot{\theta} t_b = \frac{\theta_h - \theta_b}{t_h - t_b}
\tag{2.62}
$$

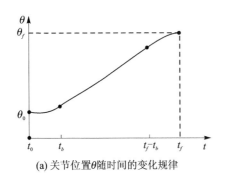 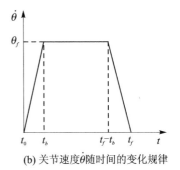

(a) 关节位置 θ 随时间的变化规律　　　　(b) 关节速度 $\dot\theta$ 随时间的变化规律

图 2.24　带有抛物线过渡的直线段

式中，θ_b 是过渡区段终点的 θ 值，$\ddot\theta$ 是过渡区段的加速度。θ_b 的值由下式确定：

$$\theta_b = \theta_0 + \frac{1}{2}\ddot\theta t_b^2 \tag{2.63}$$

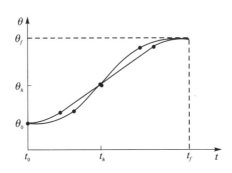

图 2.25　带有抛物线过渡的直线段（两端的抛物线段的持续时间相同）

联立式（2.62）、式（2.63），且期望运动时间 $t = 2t_h$，可得

$$\ddot\theta t_b^2 - \dot\theta t t_b + (\theta_f - \theta_0) = 0 \tag{2.64}$$

（2）带有抛物线过渡的线性插值用于具有中间点的路径

如图 2.26 所示，在关节空间中为关节 θ 的运动确定了一组中间点，每两个中间点之间使用线性函数相连，而各中间点附近使用抛物线过渡。

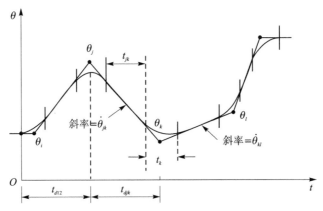

图 2.26　多段带有过渡区段的直线路径

在图 2.26 中，j、k 和 l 表示三个相邻的路径点编号。位于路径点 k 处的过渡区段的时间间隔为 t_k，位于点 j 和 k 之间的直线部分的时间间隔为 t_{jk}，点 j 和 k 之间总的时间间隔为 t_{djk}。直线部分的速度为 $\dot{\theta}_{jk}$，在点 j 处过渡区段的加速度为 $\ddot{\theta}_j$。

已知所有的 θ_k、t_{djk} 以及每个路径点处加速度的绝对值 $|\ddot{\theta}_k|$，则可计算出 t_k。由此可求出多段路径中各个过渡区段的时间和速度。

通常只需给定中间点以及各个路径段的持续时间，各个关节的加速度值则为默认值。对于各个过渡区段，应尽量使加速度值较大，以便使各路径段具有足够长的直线区段。具体内容可以参见高等教育出版社《机器人学导论》第 4 章 4.2.3 节。

2.3.3　直角坐标空间轨迹生成方法

在直角坐标空间轨迹生成方法中，连接各路径点的平滑函数是直角坐标变量的时间函数。虽然直角坐标空间法比较直观，但是会出现中间路径点超过工作范围、路径点位于机器人奇异位形附近、同一路径上的路径点对应的运动学逆解不同等若干问题。

1. 无法到达中间点

平面两杆机器人的连杆 2 比连杆 1 短，如图 2.27（a）所示，在工作空间中存在一个不可达区域，其半径为两连杆长度之差。

对于空间操作臂，同样在工作空间内部存在一个不可达的近似球形空间，如图 2.27（b）所示，指定的轨迹可能会穿入机器人本体，或者超出工作空间。

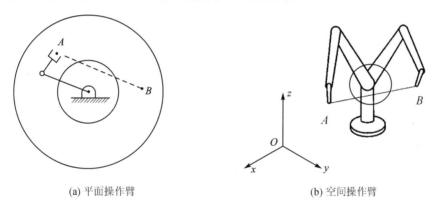

(a) 平面操作臂　　　　　　　　　　　(b) 空间操作臂

图 2.27　无法到达中间点

2. 在奇异点附近关节速度增大

如果操作臂在直角坐标空间沿直线路径运动接近机构的某个奇异位形时，则机器人的一个或多个关节的速度可能激增至无穷大。如操作臂末端从 A 点以恒定速度沿直线路径运动到 B 点，如图 2.28(a) 所示，当机器人经过路径的中间部分时，关节 1 的速度会发生突变。又如对于存在奇异位形的空间操作臂，当路径点经过奇异位形时，如图 2.28(b) 所示，腕心位于第一关节轴线上，此时同样会发生关节速度无穷大的情况。

3. 起始点和终止点有不同的解

由于关节转角限制，操作臂手腕会出现突然翻转的情况（如图 2.29 所示），因此需要从某一组逆解切换到另外一组逆解。

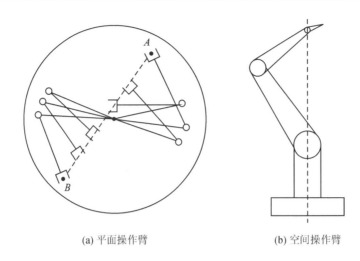

(a) 平面操作臂 (b) 空间操作臂

图 2.28 在奇异点附近关节速度增大

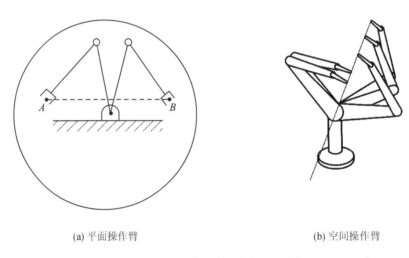

(a) 平面操作臂 (b) 空间操作臂

图 2.29 起始点和终止点有不同的解

工业机器人的控制系统一般都具有关节空间和直角坐标空间两种轨迹生成方法。由于使用直角坐标空间的轨迹生成存在上述问题,所以一般默认使用关节空间轨迹生成。如果用户使用离线仿真软件在操作空间指定操作臂的运动路径,则有可能产生上述问题,因此有必要对运动路径进行仿真验证,才能输出可行的机器人运动程序。

2.3.4 轨迹的实时生成

在操作臂实时运行时,轨迹生成器按照每一个关节的期望轨迹不断产生每一个时刻的 θ、$\dot{\theta}$ 和 $\ddot{\theta}$,并且将此信息发送给操作臂控制系统,所以轨迹计算的速度必须要满足路径更新速率的最低要求。

1. 关节空间的轨迹实时生成

对于带抛物线过渡的直线样条曲线,每次更新轨迹时,首先根据时间 t 的值判断当前路径是处在直线区段还是抛物线过渡区段。然后按照 2.3.2 节中的方法计算出所有表示路径段的轨迹点集合。

2. 直角坐标空间的轨迹实时生成

使用符号 x 来表示直角坐标位姿向量的一个分量,即用 x 代替关节角 θ 即可,则这些直角坐标空间的路径点$(x,\dot{x},\ddot{x})$可以通过运动学逆解得到与之对应的关节空间的路径点(关节位移、关节速度和关节加速度)。

2.3.5　机器人轨迹控制

1. 点位控制(PTP 控制):一般无路径约束,多以关节坐标表示,只要求满足起始点、终止点位置。在轨迹中间点只有关节位姿、最大速度和加速度约束。为保证运动的连续性,要求速度连续和各关节坐标协调。比如在机器人搬运、码垛、点焊等应用中,多采用点位控制。

2. 连续路径控制(CP 控制):有路径约束,需要进行路径设计,包括:操作空间路径点的位姿、速度和加速度,关节空间的位姿、速度和加速度。比如在机器人弧焊、涂胶、磨抛加工等应用中,多采用连续路径控制。

2.4　操作臂的控制方法

对于操作臂的控制,工程实际中常采用线性的近似方法。当机器人末端执行器和环境接触时,这时单纯的位置控制就不适用了,需要考虑如何控制接触力的问题。

2.4.1　线性控制方法

实际的操作臂控制往往可以简化成多个独立关节的线性控制模型。

1. 反馈与闭环控制

开环控制系统只按照给定的输入信号对被控对象进行单向控制,而不对被控量进行测量并反向影响控制作用,这种系统不具有修正由于扰动而引起的使被控制量偏离期望值的能力。

闭环控制系统是通过对输出量进行测量,将测量的结果反馈到输入端与输入量进行比较得到偏差,再由偏差产生控制作用去消除偏差,整个系统形成一个闭环。

一般操作臂的每个关节都安装有一个能够对相邻连杆(高序号连杆)施加扭矩的驱动器和一个测量关节角的传感器。驱动器提供输入控制量,传感器对输出量进行测量并反馈到输入端(见图 2.30),因此操作臂就构成了一个闭环反馈系统。

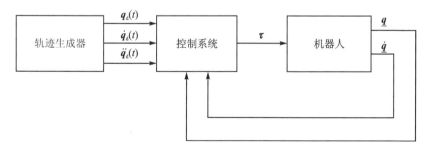

图 2.30　机器人控制系统的框图

操作臂的反馈一般通过比较期望位置 q_d 和实际位置 q 之差 e,以及期望速度 $\dot{q}_d$ 和实际速

度 $\dot{q}$ 之差 $\dot{e}$ 来计算伺服误差：

$$\left.\begin{array}{l} e = q_d - q \\ \dot{e} = \dot{q}_d - \dot{q} \end{array}\right\} \tag{2.65}$$

这样控制系统就能够根据伺服误差函数计算驱动器需要的扭矩。

除了减小控制误差,还有一个重要问题就是要保持系统稳定。当一个系统处于平衡状态,如果受到外来作用影响时,系统经过一个过渡过程仍然能够回到原来的平衡状态,则称这个系统是**稳定**的。

图 2.30 中,所有信号都表示 $n \times 1$ 维向量,因此,操作臂的控制问题是一个多输入多输出(MIMO)控制问题。但是为使问题简化,一般将每个关节看作为一个独立闭环系统,即单输入单输出控制系统(SISO),而忽略操作臂动力学方程中各关节之间的耦合因素。

2. 二阶线性系统的控制

(1) 二阶线性系统

图 2.31 所示为一个作用有驱动力 f 的有阻尼质量-弹簧系统。根据受力图可得

$$m\ddot{x} + b\dot{x} + kx = f \tag{2.66}$$

式中,$x(t)$ 是质点 m 的位移,m 为质点的质量,k 为刚度,b 为摩擦系数。

由控制理论可知,图 2.31 是一个单自由度二阶线性系统,这个系统的二阶线性常微分方程可写为

$$m\ddot{x} + b\dot{x} + kx = 0 \tag{2.67}$$

(2) 二阶系统的控制

如果二阶机械系统的响应不能满足要求,可以使用反馈环节(一般由传感器和反馈元件组成),按照要求改变系统的响应。

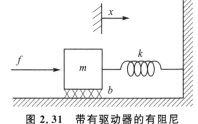

**图 2.31 带有驱动器的有阻尼
质量-弹簧系统**

现在设计一种控制规律,驱动力 f 是反馈增益的函数：

$$f = -k_p x - k_v \dot{x} \tag{2.68}$$

式中,k_p 是关于位置 x 的反馈增益,k_v 是关于速度 $\dot{x}$ 的反馈增益,因此常被称为**PD 控制律**。

图 2.32 是该闭环系统的框图,图中虚线左边的部分为控制系统(一般是计算机),虚线右边的部分为物理系统。

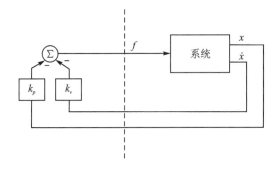

图 2.32 闭环控制系统,控制计算机(虚线左边部分)读取传感器输入信号并向驱动器输出指令

联立开环动力学方程式(2.66)和控制方程(2.68),就可以得到闭环系统动力学方程：

$$m\ddot{x} + b\dot{x} + kx = -k_p x - k_v \dot{x} \tag{2.69}$$

或

$$m\ddot{x} + (b + k_v)\dot{x} + (k + k_p)x = 0 \tag{2.70}$$

或

$$m\ddot{x} + b'\dot{x} + k'x = 0 \tag{2.71}$$

式中:

$$b' = b + k_v, k' = k + k_p \tag{2.72}$$

从式(2.70)和式(2.71)可以看出,通过设定控制增益 k_p 和 k_v 可以使闭环系统呈现任何期望的二阶系统特性。经常通过选择增益获得临界阻尼,即 $b' = 2\sqrt{mk'}$ 或者由 k' 给出期望的闭环刚度。

k_p 和 k_v 可正可负,这是由原系统的参数决定的。而当 b' 或 k' 为负数时,控制系统将是不稳定的。

例 2.5　已知:如图 2.31 中所示的系统各参数分别为 $m = 1$ kg,$b = 1$ N·s/m,$k = 1$ N/m,求:使闭环刚度 $k' = 16$ N/m 的临界阻尼系统的位置控制增益 k_p 和 k_v。

解:如果 $k' = 16$ N/m,为了达到临界阻尼,需要 $b' = 2\sqrt{mk'} = 8$ N·s/m。由式(2.72)得

$$k_p = 15 \text{ N/m}$$

$$k_v = 7 \text{ N·s/m}$$

由此可知,k_p 可调节系统的等效刚度;k_v 可调节系统的等效阻尼。

注意:由例 2.5 可知,对于一个物理(力学)系统,控制参数有明确的物理意义,因此一定要有量纲。

2.4.2　轨迹跟踪控制和 PID 控制

如果希望使质量块不仅能够保持在期望位置,而且能够跟踪一条轨迹,则需要采用轨迹跟踪控制方法。

PID 控制规律,即"比例(Proportion)-积分(Integration)-微分(Differentiation)"控制规律是机器人最常用的线性控制方法。

有关这方面的问题可以参见《机器人学导论》(参考文献[1])第 5 章 5.1 节。

2.4.3　工业机器人控制系统

工业机器人控制器一般为两级硬件结构,如图 2.33 所示。上位机作为控制系统的主机,主计算机向每个下位控制器发送指令,一般每个下位控制器对应一个关节,通常下位控制器采用简单的 PID 控制。机器人每个关节都安装有光学编码器作为位置反馈,速度信号一般是由关节控制器对位置信号做数值微分后得到的。

一般工业机器人的控制方式为 PID 控制,每个关节都使用一个微处理器(CPU)来完成控制模型计算,然后将位置和速度指令通过数字-模拟转换器(DAC)转换成电流和电压去驱动伺服电机,如图 2.34 所示。上位机按一定周期将位置和速度控制指令发送到下位机,下位机按照伺服周期运行,使关节跟随上位机的指令。

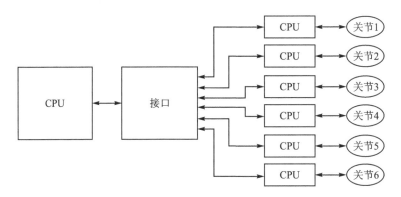

图 2.33　构成典型机器人控制系统的计算机分级体系

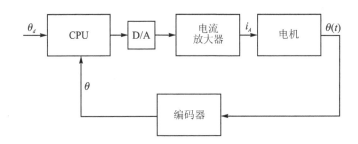

图 2.34　关节控制系统的功能模块

2.4.4　基于直角坐标的控制

机器人应用中,经常希望操作臂的末端执行器沿着比较直观的直角坐标系中的路径运动,以便于用户确定作业路径、运动方向和速度。有关这方面的问题可以参见《机器人学导论》(参考文献[1])第 5 章 5.4 节。

2.4.5　力控制方法

机器人在进行装配、磨削、抛光和去毛刺等作业时,末端执行器和环境发生接触,当末端执行器和环境的刚度均较大时,它们之间相对位置的微小变化就会产生很大的接触力。这时单纯的位置控制就不适用了,需要考虑如何控制接触力。

机器人末端与环境接触可归纳为两种极端情况:①机器人末端在空间自由运动,与环境没有接触,各方向受到的约束力都为零,这种情况属于位置控制问题,见图 2.35(a);②机器人末端与环境紧密接触(固接在一起),操作臂不能运动,机器人在空间中的所有运动都为零,这种情况属于力控制问题,见图 2.35(b)。第二种情况很少见,大多数情况是部分自由度受到位置约束,部分自由度受到力约束,因此要求机器人采用力/位混合控制方式。

1.　一般的力/位混合控制方式

为了对机器人既能进行位置控制,又能进行力控制,引入选择矩阵 S 和 S' 来确定是采用位置控制模式还是采用力控制模式,如图 2.36 所示。

2.　被动柔顺方法

结构刚度很高且位置伺服刚度也很高的操作臂,一般不适于执行机械手与零件接触的操

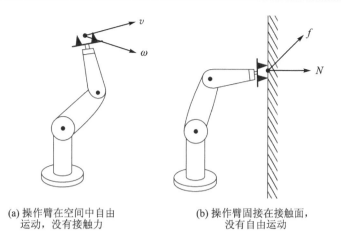

(a) 操作臂在空间中自由 运动，没有接触力	(b) 操作臂固接在接触面， 没有自由运动

图 2.35　接触状态的两个极端情况

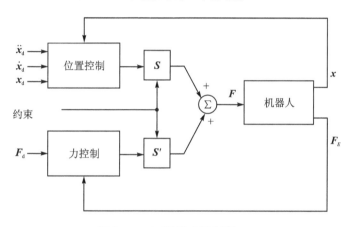

图 2.36　力/位混合控制器

作任务。一种柔顺装置 RCC(Remote Center Compliance 或称为柔顺中心)可以保证顺利地完成零件相互接触的操作任务而不发生卡住现象。RCC 是一个具有 6 自由度的弹簧,一般安装在操作臂的手腕和末端执行器之间。通过调节 6 个弹簧的刚度,可以获得不同大小的柔顺性。

3. 主动顺应控制

理想的位置伺服刚度为无穷大,可抑制所有作用于系统的干扰力。而理想的力伺服刚度为零,可保持期望的作用力,不受位置变化的影响。一般情况下控制末端执行器的特性为有限刚度而不是零或无穷大。

主动顺应控制是根据机器人的操作刚度,确定相应的关节刚度,调整伺服系统的位置增益,使机器人关节刚度与操作刚度相适应。例如,在机器人磨削加工中,要求机械手夹持的工具与工件表面保持接触,但不需要精确的力控制,此时末端执行器的特性为有限刚度。

习　题

2-1　已知 $\theta=30°,\varphi=45°$,矢量 $^{A}\boldsymbol{P}$ 绕 z_A 轴旋转 θ,然后绕 x_A 轴旋转 φ,求按以上顺序旋转后得到的旋转矩阵。

2-2 已知初始时坐标系$\{B\}$与坐标系$\{A\}$重合,①$\{B\}$绕x_A轴转$30°$,再绕y_A轴转$15°$,最后绕z_A轴转$70°$;②$\{B\}$绕z_A轴转$70°$,再绕y_A轴转$15°$,最后绕x_A轴转$70°$,请计算旋转矩阵$_B^A\boldsymbol{R}$。

2-3 已知按照习题2-2的已知条件,求按$X-Y-Z$固定角表示的回转角(滚动角)、俯仰角和偏转角。

2-4 已知$^A\boldsymbol{x}_B=\begin{bmatrix}1 & 0 & 0\end{bmatrix}^T$,$^A\boldsymbol{y}_B=\begin{bmatrix}0 & 0 & -1\end{bmatrix}^T$,求:①坐标系$\{B\}$相对于坐标系$\{A\}$的旋转矩阵$_B^A\boldsymbol{R}$;②求$^A\boldsymbol{z}_B=\begin{bmatrix}0 & 1 & 0\end{bmatrix}^T$该旋转对应的$Z-Y-Z$欧拉角。

2-5 已知速度矢量$^B\boldsymbol{V}=\begin{bmatrix}10.0\\20.0\\30.0\end{bmatrix}$,又$_B^A\boldsymbol{T}=\begin{bmatrix}0.866 & -0.500 & 0.000 & 11.0\\0.500 & 0.866 & 0.000 & -3.0\\0.000 & 0.000 & 1.000 & 9.0\\0 & 0 & 0 & 1\end{bmatrix}$,求$^A\boldsymbol{V}$。

2-6 已知图2.37所示为三自由度空间操作臂,轴1与轴2之间的夹角为$90°$,求D-H参数和运动学方程$_W^B\boldsymbol{T}$。

2-7 已知在图2.38中,机器人把工件插入位于$_G^S\boldsymbol{T}$的孔(目标)中。开始时,目标坐标系$\{G\}$和工具坐标系$\{T\}$重合的,通过读取关节角度传感器,可以得到机器人手腕的位姿$_W^B\boldsymbol{T}$,假定已知$_S^B\boldsymbol{T}$和$_G^S\boldsymbol{T}$,求未知工具坐标系$_T^W\boldsymbol{T}$的变换方程。

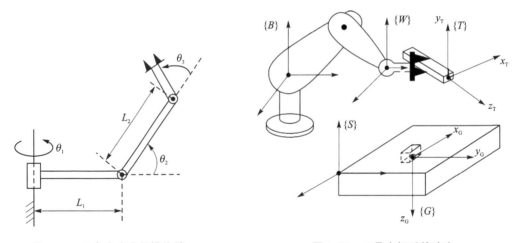

图2.37 三自由度空间操作臂   图2.38 工具坐标系的确定

2-8 已知Motoman EPX2800机器人如图2.39所示,其关节4、5和6的轴线不相交于一点,关节轴线4和5的夹角以及关节轴线5和6的夹角都是$45°$,对于图示的位形,各连杆坐标系的原点共面,假设坐标系$\{6\}$的原点在操作臂末端的法兰盘上,请画出EPX2800机器人的连杆坐标系,并给出D-H参数。

2-9 已知图2.37的三连杆操作臂,试推导它的逆运动学方程。

2-10 已知图2.40所示为2自由度RP机械手,关节1为转动关节,关节变量为θ_1;关节2为移动关节,关节变量为d_2,求:

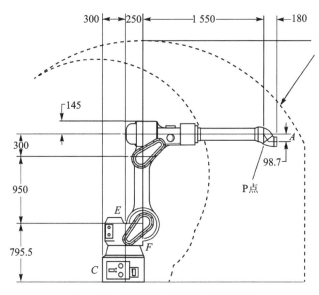

图 2.39　EPX2800 机器人的侧视图

① 建立连杆坐标系,写出该平面机械手的运动学方程;

② 试用求导法求出该机器人的速度雅可比矩阵;

③ 按下列关节变量参数,求速度雅可比矩阵的值。

$\theta_1/(°)$	0	45	90
d_2/m	0.5	0.9	0.7

2-11　何谓机器人正运动学? 何谓机器人逆运动学?

2-12　何谓机器人的关节空间、笛卡儿空间和驱动空间?

2-13　简述机器人奇异性的物理意义。

2-14　已知图 2.41 所示坐标系中的长方体,密度为 ρ,求长方体的惯量张量$^A\boldsymbol{I}$。

2-15　已知坐标系原点建立在刚性匀质圆柱体的质心,圆柱体轴线设为 x 轴,求它的惯量张量。

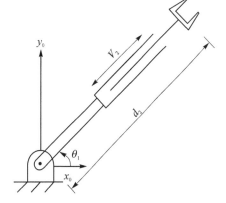

2-16　已知图 2.42 中所示的二连杆非平面

图 2.40　2 自由度 R-P 机械手

机器人,假设每个连杆的质量可视为集中于连杆末端(最外端)的集中质量,质量分别为 m_1 和 m_2,连杆长度分别为 l_1 和 l_2,求建立这个机器人的动力学方程。

2-17　已知具有一个旋转关节的单连杆操作臂,处于静止状态时 $\theta_0=15°$,期望在 3 s 内平滑地运动到终止位置 $\theta_f=75°$,且终止位置为静止状态。求满足该运动的三次多项式的系数,并画出关节的位置、速度和加速度随时间变化的函数曲线。

2-18　已知一条轨迹由两段三次样条曲线组成,系数由式(2.60)给出,对于某个关节,起始点 $\theta_0=5.0°$,中间点 $\theta_v=15.0°$,目标点 $\theta_g=40.0°$,假定每段持续 1.0 s,并且在中间点的速度为 17.5(°)/s,请画出这条轨迹的位置、速度和加速度图形。

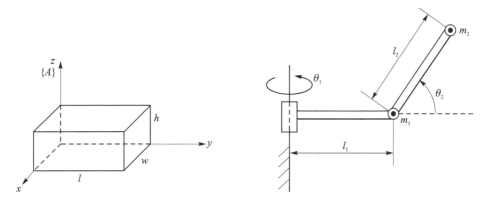

图 2.41　均匀密度的刚体　　　图 2-42　质量集中于连杆末端的二连杆非平面机器人

2-19　已知单连杆机器人静止于 $\theta=-20°$,关节以光滑轨迹经过 $\theta=15°$ 运动到 $\theta=60°$,这两段轨迹的运动时间间隔是 $t_{f1}=1$ s 和 $t_{f2}=2$ s,求这两个三次样条曲线的系数,且中间点的位置和加速度连续。

2-20　已知带抛物线过渡的线性轨迹由以下参数生成:$\theta_0=0°$,$\theta_f=45°$,线性段 $\dot{\theta}=1(°)/s$,过渡段 $\ddot{\theta}=5(°)/s^2$,求该运动的时间和各过渡段起止的位置。

2-21　已知一个关节采用带抛物线过渡的线性轨迹从 θ_0 运动到 θ_f,如果抛物线段的 $\ddot{\theta}$ 和线性段的速度 $\dot{\theta}_l$ 给定,求用这四个未知参数求出 t 和 t_b。

2-22　何谓点位控制?何谓连续路径控制?

2-23　已知单自由度二阶线性系统,$m=2$ kg,$b=6$ N·s/m,$k=4$ N/m,质量块初始静止,从 $x=1$ m 位置释放,请计算该系统的运动。

2-24　已知单自由度二阶线性系统,$m=1$ kg,$b=7$ N·s/m,$k=10$ N/m,质量块初始静止,从 $x=1$ m 位置释放,初速度 $\dot{x}=2$ m/s,请计算该系统的运动。

2-25　已知图 2.31 中所示的系统,$m=1$ kg,$b=4$ N·s/m,$k=5$ N/m,系统的结构共振频率为 $\omega_n=6.0$ rad/s,求系统临界阻尼的增益 k_p 和 k_v。

2-26　已知轴的刚度为 500 N·m/rad,驱动一对刚性齿轮,减速比 $\eta=8$,减速器输出端驱动一个惯量为 1 kg·m^2 的刚性连杆,求轴的 ω_n。

2-27　画出机器人控制系统的计算机分级体系框图。

2-28　机器人末端与环境接触时有哪几种情况?

2-29　机器人的力/位混合控制有哪几种方式?

2-30　什么是机器人的主动顺应控制?

第 3 章　机器人应用基础知识

本章介绍工业机器人的分类问题。通常根据机器人手臂的结构形式,把机器人分成不同类型。各种不同类型的机器人均是由本体、传感器、控制器和软件组成。机器人应用选型的主要问题是考察机器人的性能指标是否满足应用需求。

3.1　机器人的分类

工业机器人具有多种结构形式,最常见的工业机器人分类如下:关节型、SCARA 型、直角坐标型、圆柱型、极坐标型、并联型(三角型)。

3.1.1　关节型

关节型(铰接型)是最常见的结构,如图 3.1 所示,类似于人的手臂。通常为 6 关节机器人,这种结构包含了 6 个旋转关节。这类机器人具有到达工作空间内某一点的能力,通常能够以 1 个或多个位姿到达该点。有的关节型机器人有 7 个旋转关节,即包含了 7 根轴,这种机构具有冗余自由度,达到某一位置可以有无数个位姿,比 6 轴机器人具有更高的灵活性。注意:一般情况下,**关节**是指机械本体上的运动副,轴是指控制器的通道数。对于串联机器人来说,6 关节机器人和 6 轴机器人都具有 6 个自由度,因而有时候不严格区分关节和轴。

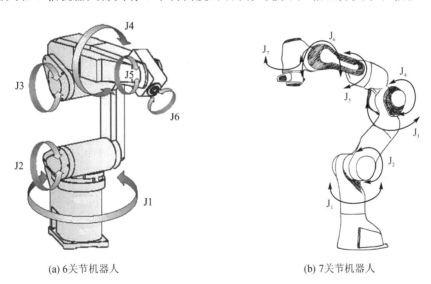

(a) 6关节机器人　　　　　　　　　　　　(b) 7关节机器人

图 3.1　关节型机器人

对于关节型机器人,当末端运动给定时,对应的关节运动比较复杂,难以从直观上确定关节运动规律。关节型机器人的结构决定了每一个关节需要承受后面所有关节的重量,例如关节 3 带着关节 4、5、6 运动,这将会影响机器人的承载能力,还会影响机器人的定位精度和重复性(见第 9 章 9.2 节)。关节型机器人的结构刚度不高,末端的定位精度是所有轴的定位精度累积而成的。随着机器人关键零部件的发展和机械本体制造装配性能的改进,目前大多数的机器人都具有很高的重复定位精度,一般在 ±(0.02~0.08)mm。

关节型机器人是工业中最为常见的类型,约占安装量的 60%。这种类型的机器人应用在许多工业领域,如焊接、喷涂、搬运操作等。典型的关节型机器人承载能力 3~1 300 kg,工作空间半径为 0.5~3.5 m,如图 3.2 所示。

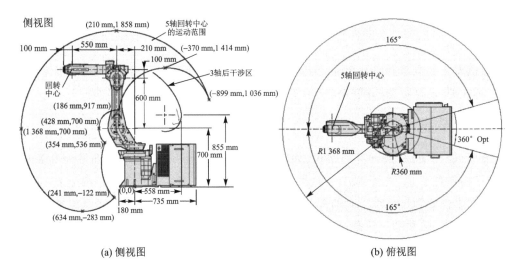

(a) 侧视图　　　　　　　　　　　　(b) 俯视图

图 3.2　典型的工作空间

典型的 6 关节型机器人工作空间(见图 3.2)为第 5 轴中心可达到的范围。工作空间由机器人的结构形式、连杆长度、运动副类型和运动范围等因素所决定。图 3.2(a)为工作空间的侧视图,表示机器人工作空间的横断面;图 3.2(b)为工作空间的俯视图,表示第 1 轴运动时的横断面。需要注意的是,在机器人上装上不同的工具,会影响机器人的实际可达工作空间。

除了常用的 6 轴机器人,4 轴机器人应用也很广泛(见图 3.3),主要用于特殊的用途,如码垛、包装和拣选等。这些应用场景往往不需要工具具有姿态翻转的能力,只需要调整工件在水平方向的姿态,因而腕部只需 1 个轴。这种类型的机器人与同等的 6 轴机器人相比,能够实现更高的速度和更大的负载。例如,码垛机器人多为 4 轴机器人。为了减轻运动惯量,第 2 关节和第 3 关节的电机和减速器相对固定,布置在离机器人底座较近的位置,因此需要一套内嵌的平行四边形机构向上传递第 3 关节的转动。另外,需要两套串联的平行四边形机构,保证机械手法兰端面与底座平行。重载的码垛机器人一般还需要配置蓄能器。这种机器人的特点是结构刚度大、速度快、运动灵活、工作范围较大。

近年来发展的双臂机器人是将两个关节臂安装在同一个基座上,见图 3.4。两个手臂能够协同工作,因而可以模仿人完成装配任务。在复杂装配任务中,需要两个手臂协同工作,这样可以提高装配效率,减少工装成本。

(a) 2×7轴关节机器人

(b) 2×4轴关节机器人

图 3.3　4 轴关节型机器人　　　　　　图 3.4　双臂机器人

3.1.2　SCARA 型

SCARA 机器人的结构起源于电路板的装配应用,因而被命名为选择性柔顺装配机械臂(Selective Compliance Assembly Robot Arm,SCARA)。SCARA 机器人是一种特殊形式的关节型机器人,它的三个串联的转动关节布置在同一平面上,如图 3.5 所示。该 4 轴机械臂包括了底座回转、在同一水平面的两个转动和一个垂直方向的直线移动。由于上述结构特点,该机械臂在垂直方向的刚度很大,而在水平方向具有一定的柔性,能够实现高速运动,并且具有很大的加速度和较高的定位精度,能够在装配公差要求很严的场合工作。

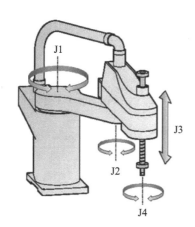

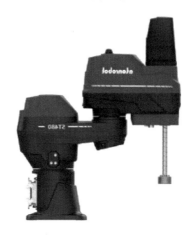

图 3.5　SCARA 型机器人

SCARA 机器典型的负载能力为 2 kg,作业半径大约 1 m。主要用于装配,也可以用于包装、涂胶、码垛、小型压力机喂料以及其他应用。SCARA 的应用主要受限于其工作空间。

用机器人的标准循环时间衡量机器人的往复运动(重复性)的性能。一般采用**门式轨迹测试方法**(见图 3.6)模拟一个典型装配过程的运动,其运动轨迹由一个 25 mm 竖直向上的运动、300 mm 水平方向的移动和 25 mm 竖直向下运

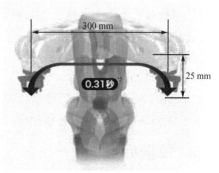

图 3.6　门式轨迹测试方法

动组成。SCARA 机器人往复运动周期最快为 0.3 s,比同等的 6 轴关节型机器人要快得多。

SCARA 机器人占据了全球大约 12% 的市场,在亚洲大约占据了 50% 的市场。我国的电气和电子产品装配中已经大量使用了 SCARA 机器人,大大提高了产品的装配效率和装配质量。

3.1.3 直角坐标型

直角坐标型机器人一般由架体和 3 个直线运动单元组成(见图 3.7 所示),这 3 个轴的运动与直角坐标系重合,一般可在最后一个竖直移动轴上安装 1~3 个旋转轴。

直角坐标型机器人架体有单边支撑结构(见图 3.7(a))和框架型支撑结构(见图 3.7(b))。直线运动单元行程可达几十米。框架型支撑结构的刚性高,负重能力强。在同等工作空间条件下,直角坐标机器人占用空间大,使用材料多,通常成本要高于同等性能指标的关节机器人。

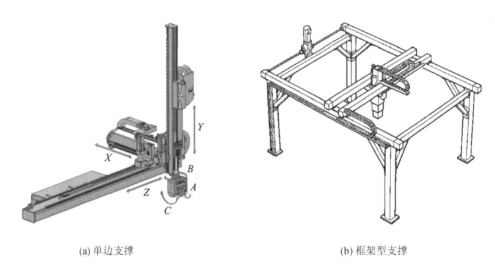

(a) 单边支撑   (b) 框架型支撑

图 3.7　直角坐标型机器人

直角坐标机器人的典型应用包括搬运、码垛、注塑、装配和机床上下料,在焊接和涂胶作业中也有应用。直角坐标机器人适合尺寸和重量比较大的部件的作业。直角坐标机器人的使用量仅次于关节型机器人,大约占据了全球机器人销量的 22%。

3.1.4 圆柱型

圆柱型机器人如图 3.8 所示。该机器人的典型结构为一个绕垂直轴旋转的基座旋转轴、一个竖直移动轴、一个水平移动轴和一个绕垂直轴旋转的腕部旋转轴。

这种机器人的结构刚度大,容易进入内腔操作,便于编程,但是在机械臂后部需要预留水平轴的运动空间。

与 SCARA 机器人类似,圆柱型机器人主要用于电子行业的搬运,约占全球机器人市场的 2%。由于亚洲地区的电子行业很发达,因此该区域的圆柱坐标机器人占全球销量的 90%。

3.1.5 极坐标型

极坐标型机器人也叫球坐标机器人(如图 3.9 所示),结构与关节型操作臂类似,只是用移

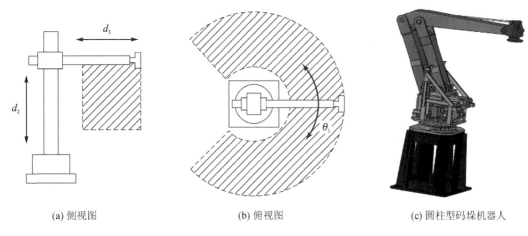

(a) 侧视图　　　　　　　　(b) 俯视图　　　　　　　　(c) 圆柱型码垛机器人

图 3.8　圆柱坐标型机器人

动关节代替了肘的旋转关节。极坐标型机器人应用较少。

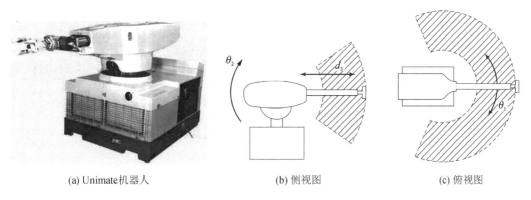

(a) Unimate机器人　　　　　　(b) 侧视图　　　　　　(c) 俯视图

图 3.9　极坐标型机器人

1959 年,美国 Unimation 公司制造的第一台工业机器人 Unimate 就是一种极坐标型机器人,见图 3.9(a)。该机器人为液压驱动,具有 5 个自由度,由底座旋转、肩部旋转、手臂移动,和两个腕部旋转关节组成,仅有 5 个轴的原因是在早些年代还没有 6 轴机器人控制器。著名的 Stanford Arm 机器人也是这种构型。

3.1.6　并联型

并联型机器人也称为 Delta(德尔塔)型机器人(见图 3.10),是最近二三十年发展起来的结构类型。

并联机器人的定义:动平台和静平台通过至少两个独立的运动链相连接,机构具有两个或两个以上自由度,且以并联方式驱动的一种闭环机构。

并联机器人的关节可以是移动副或旋转副,有多种不同的并联构型。大部分驱动电机、减速装置和机械部件都安装在距离底座较近的位置或直接安装在底座上,这种布局降低了机械臂的运动质量,因而并联机器人具有较高的加速和速度特性。机械臂通常选用重量轻、刚性高的碳纤维材质。一般情况下,这种机器人的自由度越多,负载能力越小,一般用于装配的并联机器人的负载能力不超过 20 kg。典型的并联机器人为 3 自由度或 4 自由度,如图 3.10 所示。

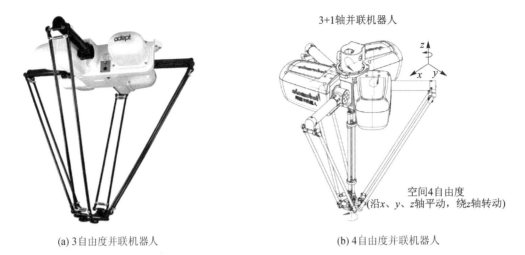

(a) 3自由度并联机器人   (b) 4自由度并联机器人

图 3.10　并联型机器人

　　并联机器人的工作空间较小,通常主要应用于拣选,常见的是在食品工业的包装线上,其次是用于装配。并联机器能够实现与 SCARA 机器人相似的循环工作时间,往复运动(重复性)的测试方法与 SCARA 机器人相同。近年来,并联机器人的销量正在持续增加,约占全球机器人市场的 1%,详见第 5 章 5.1 节。

3.2　机器人的组成

　　3.1 节中介绍了各种不同类型的机器人,它们都是由机械、电气和软件系统组成的。典型工业机器人系统结构如第 1 章图 1.1 所示,主要包括硬件系统、软件系统和人机交互装置(示教器)等。

　　机器人是一种典型的机电一体化产品,硬件系统一般由机械本体、控制系统、传感器和驱动装置等四部分组成,见图 3.11。

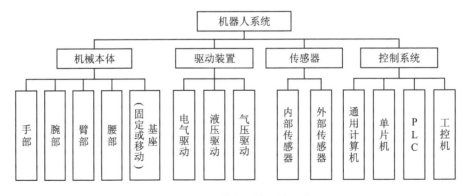

图 3.11　机器人硬件系统组成

3.2.1　机械本体

机械本体是由基座、腰部、臂部(大臂和小臂)、腕部和末端执行器等部件用转动或移动关节串联起来的多自由度空间运动机构。每个关节包括驱动件(如电机)、减速装置、传动装置和机械结构(比如连杆)。机器人可以安装不同的末端执行器,以在工作空间内执行多种不同的任务。末端执行器可以是夹持器,执行夹持物料任务;也可以是工具,如焊枪,执行操作任务。

图 3.12 为机械本体结构示意图,具有 6 个关节,每个关节由一个伺服电机驱动。伺服电机提供关节驱动力,经过谐波减速器减速、增力,谐波减速器的输出端带动机械臂(连杆)转动。关节 1~4 的驱动电机为空心结构。采用空心轴电机的优点是机器人各种管线可以从电机中心直接穿过,管线不会随着关节轴旋转或者扭转角度较小,这种结构较好地解决了工业机器人的管线布局问题。对于工业机器人的机械结构设计来说,管线布局是难点之一。

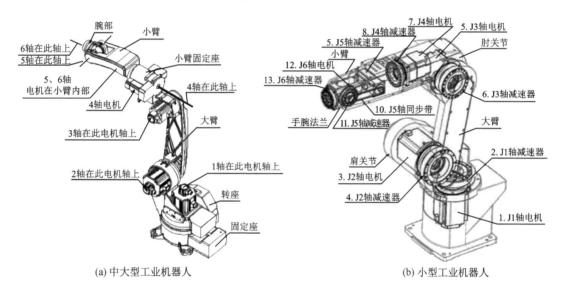

(a) 中大型工业机器人　　　　　(b) 小型工业机器人

图 3.12　常见 6 轴机器人的机械本体结构图

1. 基　座

基座是支撑操作臂的回转运动部件,一般机器人厂家把基坐标系{B}设置在底座的中心位置。基座材质通常为铸钢,刚度和强度大,稳定性好。

机器人关节电机的动力线、信号线和内置于操作臂的管路等均从预留在基座上的插座接出,如图 3.13 所示。当机器人腰座(腰部)旋转时,全部管线都要跟随腰座旋转,通常为 0°~330°,因此要求在底座中预留环形的空间以容纳一定长度的管线。少数机器人采用中空底座,管线可以从中心孔穿过,这样管线不会随着腰座旋转。在实际应用中,大都需要在安装面与基座之间另外配置一个特定高度的底座,以调节机器人工作空间的高度范围,使得操作对象总是位于机器人工作空间的恰当位置。有些机器人还会采用墙面安装或者倒挂安装的方式。

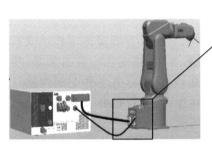

集成气源接口
动力电缆接口
编码器电缆接口
集成信号接口

底座接口

图 3.13　机器人基座管线接口

2. 臂　部

机器人末端的位置一般是由臂部确定的,3.1节中机器人的分类就是按照臂部结构形式确定的。工业机器人的臂部由腰座回转、大臂俯仰和小臂俯仰三个转动关节串联而成,一般腰座轴线与肩关节轴线垂直(有的机器人是垂直相交),肩关节轴线和肘关节轴线平行。有些机器人采用平行四边形传动方式,肘关节的驱动装置(电机、减速器)下置,与肩关节的驱动装置对称布置,这种传动方式能够增加本体的刚度,但是会减小机器人工作空间,见图3.3。

臂部在运动时,直接承受腕部、手部和工件(或工具)的静、动载荷,尤其在加减速运动时,将产生较大的惯性力(或惯性力矩),引起冲击,影响定位精度。臂部一般为铸钢或铸铝的空心结构,一方面要求臂部重量轻、转动惯量小,另一方面还要求刚度高、运动平稳、定位精度高,因此臂部设计需要进行受力分析和有限元计算等,并考虑诸多方面的因素,包括管线的布置、起吊孔等。

机器人的臂部一般包括3个关节,每个关节都包括驱动电机、减速器和必要的传动装置。常用的减速器包括谐波减速器、RV减速器、行星轮减速器等。必要的传动装置有同步带和滚珠丝杠等。

3. 手　腕

手腕是手臂和手爪之间的衔接部分,用于改变手爪在空间的方位,以确定机器人末端的姿态。手腕一般是由1~3个相互垂直相交的关节轴组成,轴线交点通常称为**腕心**。手腕的第一个关节就是机器人的第4关节,腕部的典型结构如图3.14(a)所示。手腕结构是机器人中最复杂的结构,其结构尺寸紧凑,传动复杂,直接影响机器人的定位精度和灵巧性,是工业机器人的设计难点。

图3.14(b)所示为2自由度正交手腕,两驱动电机相对固定安装,当两电机同速反向旋转时,末端执行器绕滚动轴转动;当两电机同速同向旋转时,末端执行器绕俯仰轴转动。

图3.14(c)所示为3自由度正交手腕,也叫**球腕**,绝大多数工业机器人的手腕采用这种形式。球腕受机械结构限制,并不能在空间上达到任意方位(姿态)。球腕的3个关节轴线相交于一点,因而机器人具有解析形式的运动学逆解(或者叫封闭解)。

图3.14(d)所示为可连续转动的手腕,由3个相交但不互相垂直的轴构成,3个关节可以连续旋转。由于3个轴不正交,从而有些姿态不可达,理论证明,这些不可达的姿态为一个锥体。可以将这种手腕安装在小臂上,使小臂结构正好占据了这个锥形区域。

由机器人运动学可知,手腕每个关节的转动范围不需要超过360°,因此常见的机器人

第 4 关节转动范围是$-300°\sim+300°$,第 5 关节转动范围是$-120°\sim+120°$,第 6 关节转动范围是$-300°\sim+300°$。但是有些操作需要手腕的第 6 关节能够连续朝同一方向无限制转动,比如机器人抛光拉丝作业。

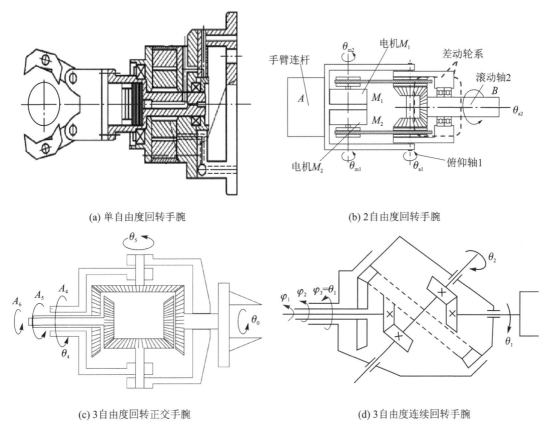

(a) 单自由度回转手腕　　　　　　　　　(b) 2自由度回转手腕

(c) 3自由度回转正交手腕　　　　　　　(d) 3自由度连续回转手腕

图 3.14　典型手腕结构示意图

4. 手　部

机器人的手部也叫作末端执行器、机械手或末端,与机器人手腕末端相连,是抓握工件或执行作业的部件。通常执行抓取操作的手部有机械手爪、磁力吸盘和真空吸盘等,有些智能化手部还配有相应的传感器。针对不同的任务,机器人执行作业的工具,如焊枪、切割头、喷枪和激光扫描仪等都可以作为机器人的手部。有些工具是标准组件,比如点焊机器人的焊钳、管线包等,可由专门的厂家提供。另外有些机械手需要通过系统集成商根据具体操作要求订制。还有些应用需要在同一个机器人上安装多种抓手或者工具,这就要在机器人末端配置工具转换器,如图 3.15 所示。

3.2.2　驱动装置

1. 机器人驱动器

液压驱动被用于早期的喷涂机器人,是因为电气驱动不能用于爆炸性环境的喷涂车间,且喷涂不要求重复性,但是液压驱动的响应慢,重复性和轨迹跟随能力较差。

气压驱动也被用作一种低成本的动力源,但是气动件的运动位置难以精确控制,重复性

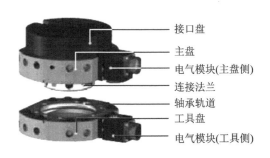

接口盘
主盘
电气模块(主盘侧)
连接法兰
轴承轨道
工具盘
电气模块(工具侧)

(a) 带工具转换器的机器人　　　　　　　　(b) 处于未锁紧状态的工具转换器

图 3.15　工具转换器

差。气压驱动通常用于手部的开合、吸盘的吸放等场合。

从 20 世纪 70 年代开始,各种类型的电机驱动被广泛使用。起初直流伺服电机的使用较为普遍。步进电机可用于高精度、低负载的场合。交流伺服电机商业化批量生产之后,取代了其他驱动方式,成为主流。其控制容易,重复性好,精度高,带负载能力强。

由于液压驱动方式和气压驱动方式在机器人上应用较少,因此本节只介绍电机驱动方式。电机工作原理是已学过的电工学和电机学中的知识,本节主要介绍与机器人有关的知识。

2. 伺服电机驱动系统

伺服电机驱动系统是一种闭环控制系统,是指带有反馈单元的位置跟踪系统,一般是由伺服电机和伺服驱动器(带反馈控制单元)组成的,伺服电机结构如图 3.16 所示。

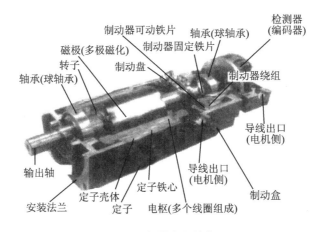

制动器可动铁片　　轴承(球轴承)　　检测器(编码器)
磁极(多极磁化)　　制动器固定铁片
转子　　制动盘　　制动器绕组
轴承(球轴承)
导线出口(电机侧)
输出轴
安装法兰　　定子壳体　　定子铁心　　电枢(多个线圈组成)　　制动盒
定子　　导线出口(电机侧)

图 3.16　伺服电机结构图

(1) 伺服电机

1) 分类

伺服电机分为交流伺服电机和直流伺服电机两种。

a) 交流伺服电机分为同步电机和异步电机两种,其中同步电机的功率质量比大。

优点:转动惯量小,动态响应好,能在较宽的速度范围内保持理想的转矩,交流伺服电机的输出功率比直流伺服电机高出 10%~70%,结构简单,运行可靠。

缺点:成本较高。

b)直流伺服电机分为直流有刷电机和直流无刷电机。

直流有刷电机的优点:成本低,启动力矩较大,调速范围宽;缺点:存在电刷的磨损与摩擦,易产生电磁辐射干扰。

直流无刷电机是将换向元件(电刷和整流子)换成半导体元件,优点:体积小,重量轻,出力大、响应快,无电刷摩擦、磨损和干扰问题;缺点:控制复杂。

工业机器人一般采用同步型永磁交流伺服电机。移动机器人上一般采用直流无刷伺服电机。

此外,伺服电机还分为带制动器和不带制动器两种。

2)驱动模式

根据电机的具体结构、驱动电流波形和控制方式的不同,永磁同步电机有两种驱动模式:① 方波电流驱动,即无刷直流伺服电机;② 正弦波电流驱动,即永磁同步交流伺服电机。

3)伺服电机的特性

转矩 T 与电流 i 成正比:

$$T = K_t i \tag{3.1}$$

式中,K_t 为转矩常数。

空载转速 n 与电压 u 成正比:

$$n = K_n u \tag{3.2}$$

式中,K_n 为转速常数。

(2)伺服驱动器

伺服驱动器又称为伺服控制器、伺服放大器。

对伺服电机的控制方式有位置控制、速度控制和转矩控制。

(3)伺服电机驱动系统(伺服电机＋驱动器)

伺服电机驱动系统原理见图 3.17。

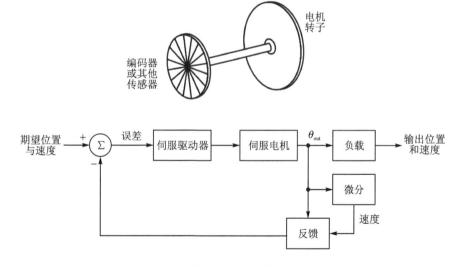

图 3.17　伺服电机驱动系统原理示意图

1)伺服电机驱动系统的特性

由于机器人不断向高速、重载、高精度的方向发展,因此对机器人伺服电机驱动系统的要

求也不断提高,主要如下:

功率质量比大:驱动力大,但重量轻,以减小操作臂的惯量来提高加/减速特性。

起动转矩高:提高机器人的加速特性和快速性。

转速高:一般在 3 000 r/m 以上,装配和移载机器人在 8 000 r/m 以上。

快速性:响应指令信号的时间短,以机电时间常数表征。

短时过载能力强:承受冲击载荷的能力强。

2)对伺服电机转动惯量的要求

以典型的 6 自由度串联机器人为例:

对于关节 1、2、3,因结构惯量和驱动功率较大,所以应选用高转速、大或中惯量伺服电机。根据机械设计要求,伺服电机对伺服电机驱动器的响应最佳值为负载惯量与电机转子惯量之比(即惯量比)在 5~15 倍范围内,然而高转速与大惯量是相互矛盾的,因此这是当前机器人技术研究发展的核心问题。

对于关节 4、5、6,由于结构惯量和驱动功率较小,可选用高转速、小惯量电机。这种电机比较常见。

(4)选择电机的重要问题

① 选择电机一定要参照电机的转速-转矩特性曲线(见图 3.18),而不是按照电机的参数表选择。

② 恒功率-恒转矩:在电机的转速-转矩特性曲线拐点之前,电机的输出转矩恒定,输出功率随转速提高而增大;拐点之后电机的输出功率恒定,输出转矩随转速提高而减小。

③ 堵转转矩(保持转矩):转速为零的电磁转矩。最大(连续)堵转转矩是指长时间堵转,稳定温升不超过允许值时的输出转矩。

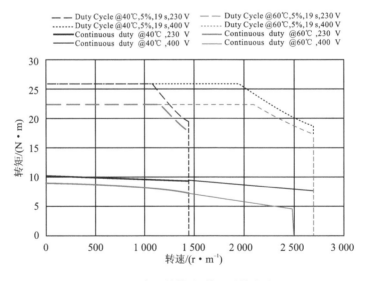

图 3.18 电机的转速-转矩特性曲线

3.2.3 传感器

从某种意义上讲,机器人的先进水平取决于传感器技术水平。机器人能够实现高精度操作或智能化操作必须要利用精度和数量足够的传感器。

机器人传感器可分为两大类:①内部传感器,可检测位移、速度、加速度、姿态等内部参数;②外部传感器,可检测末端执行器的传感器(比如接近传感器、力觉传感器、触觉传感器、滑觉传感器),以及可检测外界信息的传感器(比如测距传感器、视觉传感器、声传感器)。

工业机器人上应用较多的传感器有位置传感器、力传感器和视觉传感器等。

1. 位置传感器

操作臂都是位置伺服控制机构,即驱动器的力或力矩指令都是根据检测到的关节位置与期望位置之差而得出的,因此要求每个关节都有一个位置检测装置。一般位置传感器是与驱动器同轴安装的。光电编码器是最常用的机器人关节位置传感器,通常安装在关节电机的尾部,参见图 3.16。

光电编码器的工作原理为物理学中的光栅原理。光栅为可旋转圆盘(也叫码盘),其上刻有一系列不同码条的同心圆,且光栅的一侧有光源,另一侧有光电元件。光电编码器的工作原理如图 3.19 所示。

光电编码器(也叫光电码盘)分为增量式、绝对式两种。

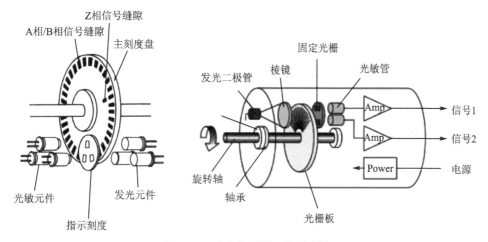

图 3.19　光电编码器工作原理图

增量式编码器有三个输出信号,其中两个是工作信号,一个是标志信号。工作信号:沿不同圆周,刻有两组光栅,相差 1/4 周期,以判断旋转方向。标志信号:光栅每旋转一周发出一个脉冲,用作同步信号。脉冲频率等于每一周脉冲数乘以转速,由此可求出光栅转速和角位移,如图 3.20(a)所示。

绝对式编码器:从光栅上读出编码,能随时提供绝对位置数据。在圆周上采用二进制码组成黑白相间的码条,见图 3.20(b)。有由 4 道同心圆组成的码道,输出为 0000~1111(2^4),分辨率为 22.5°。实际光栅有 10 道以上,输出为 0000~1024(2^{10}),分辨率 < 0.36°。为避免误读,多采用循环码道,设计成二进制补码码道,使码位变化最小,见图 3.20(b)右图。

将编码器检测到的电机转角除以减速器传动比(一般 > 100),即可得到连杆(机械臂)的转角。连杆转动范围一般不超过 360°(1 圈),对应的电机圈数可能超过 100 圈。工业机器人一般不采用多圈绝对式编码器,而是采用单圈绝对式编码器,另外设置一个圈数寄存器(由电池供电),记录编码器的圈数。更换电池后,需要手工点动机器人,对正机器人各个关节的机械零

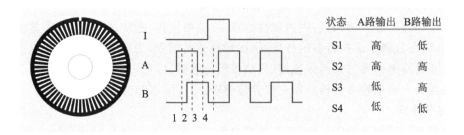

状态	A路输出	B路输出
S1	高	低
S2	高	高
S3	低	高
S4	低	低

(a) 增量式编码器（正交光电编码器）

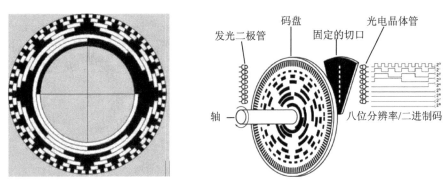

(b) 绝对式编码器的码盘与结构

图 3.20 编码器工作原理

位,以复位圈数寄存器。

2. 力传感器

有些机器人在末端执行器上安装有力传感器,可以检测操作臂与环境的接触力,也可以通过编程监测和控制机器人的运动,检测末端执行器的抓持力或抓取物体的重量。力传感器可用于夹紧工件,比如夹持力传感器;也可用于装配,装配时一般采用多自由度力传感器-腕力传感器,也叫装配顺应器。

（1）夹持力传感器

工作原理为物理学中介绍的由 4 个应变片组成的惠斯通电桥。

一般与手耦合为一体,装于指尖,能测出很小负荷,见图 3.21。由应变片测试模块和中间连接模块组成。应变片测试模块是一个宽而薄的梁,仅在一个平面内弯曲,弹性好。应变片 1、3 装于梁的上表面,应变片 2、4 装于梁的下表面,组成一个惠斯通电桥。设某一弯矩使上表面受拉,下表面受压,应变片 1、3 电阻增大,应变片 2、4 电阻减小,输出电压与弯矩成正比。

设一夹持力 F_G 作用于 G 点,在 A 点和 B 点测得如下力矩:

$$\left.\begin{aligned} M_A &= F_G L_A \\ M_B &= F_G L_B \end{aligned}\right\} \tag{3.3}$$

由图 3.21 得

$$\left.\begin{aligned} F_G &= (M_A - M_B)/(L_B - L_A) \\ L_A &= M_A(L_B - L_A)/(M_B - M_A) \end{aligned}\right\} \tag{3.4}$$

M_A 和 M_B 可由力传感器测得,$L_B - L_A$ 为定值,由此可测得 F_G 和 L_A。

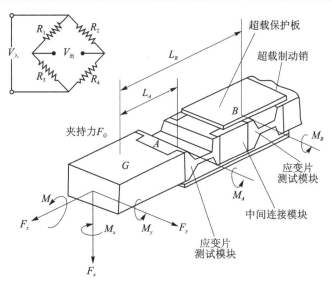

图 3.21 夹持力传感器

（2）腕力传感器

进行装配作业时，腕力传感器可确定零件质量，调准零件位置，进行插装、旋转作业。一般用于测量并调整装配过程中零件的相互作用力。

选择一个固定参考点，传感器位于固定参考点上。将力分解成三个互相垂直的力和三个顺时针转向的力矩。要求：测量的力和力矩的交叉灵敏度低，传感器的固有频率高（微小扰动不产生错误信号），测量数据的计算时间短。

腕力传感器的类型有应变计式、电容式、压电式。

图 3.22 所示为筒式腕力传感器，类型为应变计式。筒体为铝制，由 8 个梁支撑。机械手通过传感器与腕部相连。由梁两侧的应变计测出变形信息，与其他梁的输出信号相结合，计算出 6 个分量，得到相对于传感器自身坐标系{W}的广义力向量${}^W F$。在实际使用中通常需要进行坐标变换，将广义力向量${}^W F$ 变换到目标坐标系{G}。

在灵巧手抓持操作中，将小型的 3 维或 6 维力传感器安装在抓手的指尖上（见图 3.23），检测手指与操作对象之间的接触力/力矩。

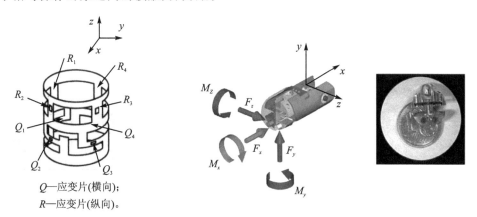

Q—应变片(横向)；
R—应变片(纵向)。

图 3.22 腕力传感器　　　　**图 3.23 指尖多维力传感器**

3. 视觉系统

视觉系统的主要功能是物体定位、目标识别、特征检测、运动跟踪。

（1）基本组成

视觉系统由视觉传感器、高速图像采集系统、图像处理器、计算机及相关软件组成，见图 3.24。

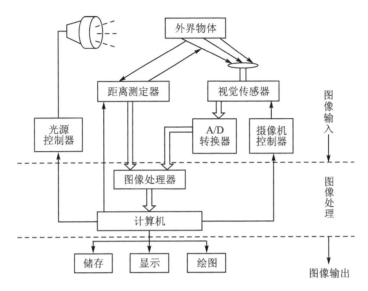

图 3.24　视觉传感器组成

1）图像传感器

图像传感器（视觉传感器）一般有激光扫描器、线阵 CCD、面阵 CCD、TV 摄像机、CMOS 图像传感器等。

2）高速图像采集系统

高速图像采集系统由 A/D 转换器、专用视频解码器、图像缓冲器和接口电路组成。将图像传感器获取的模拟视频信号实时转换为数字图像信号，并传送给图像处理系统进行实时前端处理，或直接传送给计算机显示或处理。

3）图像处理器

图像处理器由采集芯片（ASIC）、数字信号处理器（DSP）或 FPGA 等硬件组成。可以实时完成图像处理算法、数码图像压缩、显示及存储，以减轻计算机图像处理的负担，提高图像处理速度。

4）计算机及相关软件

计算机是机器视觉系统的核心，完成图像的最终处理和输出。相关软件包括计算机系统软件和机器人图像处理算法，后者包括图像预处理、分割、描述、识别和解释等算法。

（2）工作过程

① 图像输入：图像经光源滤波、图像感光和距离测定，再经 A/D 转换成数字信号。

② 图像处理：对图像进行边缘检测、连接、光滑、轮廓编码。图像处理包括 4 个模块：预处理、分割、特征抽取、识别，见图 3.25。

③ 图像存储：保存图像数据。

④ 图像输出：将处理后的目标信息传送给机器人的控制系统并显示。

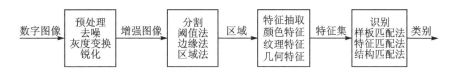

图 3.25　图像处理过程和方法

（3）应　用

视觉系统比较成熟的应用是在电子、汽车、航空、食品和制药等行业。

1）视觉检测

根据目标的特征和差异进行分拣或检验。可以安装在输送装置上，也可以安装在机器人腕部，跟随机械臂运动。

2）视觉引导

典型应用是焊接作业中的焊缝跟踪。根据焊接工艺参数计算出焊缝轨迹和偏移量，实时检测焊缝变形和运动误差，对机器人运动轨迹自动进行控制和修正，见图 3.26。

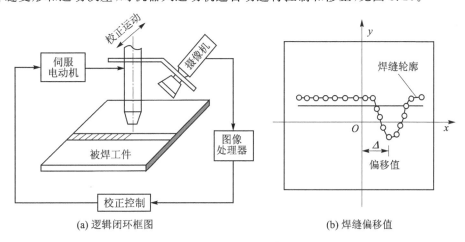

(a) 逻辑闭环框图　　　　　　　　　(b) 焊缝偏移值

图 3.26　视觉引导焊缝跟踪

3）过程控制

在机器人装配作业中，应用视觉系统可以对零件进行识别分类，确定零件的装配位置，据此对机械臂进行控制，进行零件的装配作业，以及对零件进行测量检查等。

4. 其他传感器

光电开关分为：LED（发光二极管）、光敏元件等，工作方式有漫反射式、镜反射式、对射式。

接近开关有电磁式、超声波式、感应式、电容式、电涡流式、霍尔式等。

测距传感器有超声波式、红外式、激光式等。

上述传感器的原理和应用可参考电工学、电子技术相关资料。

随着激光测量技术的发展，相继出现了基于飞行时间（Time of Flight，ToF）测量原理、相位差测量原理、三角测量原理的激光传感器，这些传感器输出测量点云，经过算法处理后，能够得到物体的准确位置信息。结构光测量传感器通常自带点云处理软件，能够快速测量大型、复杂曲面物体。

5. 机器人传感器技术要求

选择机器人传感器取决于机器人的工作要求和应用特点。

（1）量　　程

传感器最小输出与最大输出间的差值,即测量范围。

（2）分辨率

所能辨别的被测量的最小变化量,或不同被测量的个数。

（3）精度和重复精度

精度:输出值与实际值的接近程度。

重复精度:同一测量结果的变化范围,是随机的,不容易补偿。

（4）响应时间和灵敏度

输入信号开始变化到输出信号达到稳态值的时间,这个时间越短越好。

（5）线性度

反映输入量与输出量的关系。对于线性传感器,输入变化应产生相同或线性比例的输出变化。对于非线性传感器,一般已知非线性度,通过建模或补偿方法补偿非线性度。

（6）可靠性

传感器正常工作次数与总工作次数之比。

（7）输出类型和接口

一般是按模拟量或数字量区分传感器输出信号的类型。传感器输出信号与其他设备连接时,要求信号类型和技术参数必须匹配。

（8）体积和质量

体积会影响机器人的操作空间或关节的运动范围,质量则会影响机器人的有效载荷。

（9）成　　本

传感器的成本会影响机器人的经济性,使用多个传感器时更是如此。

3.2.4　控制器

从控制角度看,机器人控制系统是基于机器人运动学、动力学和控制原理的多变量耦合的非线性控制系统。早期的机器人控制系统由继电器、步进顺序控制器、凸轮、挡块、插销板、穿孔带、磁鼓等机电元件组成,通过示教再现方式进行控制。实际上,机器人技术是随着计算机技术发展起来的。机器人是一个计算机控制系统,工业机器人的控制系统是一个基于工业控制计算机(简称工控机或IPC)的硬件和软件系统。

1. 机器人控制系统

当前的机器人控制系统一般由控制器(计算机)、伺服驱动和控制系统组成。控制器根据作业要求按照程序指令,并根据环境信息控制和协调机器人驱动系统的运动。

控制系统的典型部件有传感器、控制器、执行器。

传感器:见3.2.3节。

控制器:计算机。进行逻辑或其他复杂算法运算,发出指令使执行器动作。

执行器(驱动器):根据控制信号输出相应的平移和旋转运动,如步进电机、伺服电机、液压或气压等驱动件。

机器人控制系统一般有3种结构:集中控制、主从控制、分布式控制。

单CPU集中控制:由一台计算机完成全部控制功能,工作速度较慢。

双CPU主从控制:上位机负责系统管理,进行运动学、动力学计算和轨迹规划(轨迹生成)运算,定时将运算结果发送到下位机;下位机由多个 CPU 组成,每个 CPU 控制一个关节。

多 CPU 分布式控制:一般为 IPC+上、下位机的结构,主要特征是集中管理和分散控制,采用多层分级、合作自治的结构形式。下位机与上位机的数据通信是总线形式,使速度和性能明显提高。这种结构类似于主从控制,更多体现的是并行控制。

机器人控制器有以下 3 种形式:

① 基于专用运动控制芯片(ASIC)或专用处理器(ASIP)的运动控制卡,结构简单,为开环控制,不能进行连续插补,仅见于早期的机器人。

② 基于通用芯片的运动控制卡,是基于计算机总线的以 DSP、FPGA、ARM 等作为核心处理器的板卡式控制器,即"计算机+运动控制器"的模式。这类控制器的计算和信息处理能力强,通用性好,能实现机器人的各种算法和控制功能。但计算机的功能冗余,不相关的任务和进程占用资源较多,实时性和可靠性差。典型结构为计算机+美国的 PMAC 运动控制卡,见图 3.27。

③ 基于计算机+实时操作系统+高速总线的运动控制器。这种以计算机为主体的结构可以随计算机的发展不断升级,且纯软件的开放式结构可支持用户对上层软件(程序编辑、人机界面等)和底层软件(运动控制算法等)进行定制。典型结构见图 3.28。

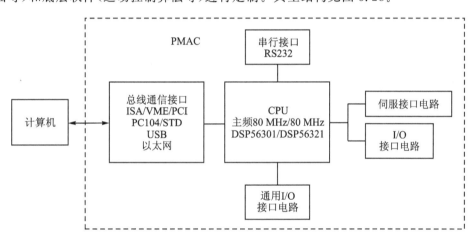

图 3.27　计算机+ PMAC 运动控制卡

2. 基本功能

① 记忆:存储作业顺序、运动方式、运动参数、与生产工艺的有关信息。

② 示教:在线示教,离线编程和间接示教。

③ 坐标设置:有关节、绝对、工具、用户自定义 4 种坐标系。

④ 与外设的通信:传感器接口以及其他通信接口(网络接口)。

⑤ 人机接口:示教盒、操作面板、显示器。

⑥ 伺服控制:机器人多轴运动控制、多轴联动、速度和加速度控制、动态补偿等。

⑦ 故障检测和保护:状态监视,故障时的安全保护。

3. 主要构成

控制器包括主控制模块、运动控制模块、驱动模块、通信模块、电源模块和辅助模块。其中,通信模块有数字量和模拟量输入/输出接口、网络接口(以太网、现场总线等)、串行和并行接口、打印机接口等。辅助模块有示教器、存储器件、操作面板等。

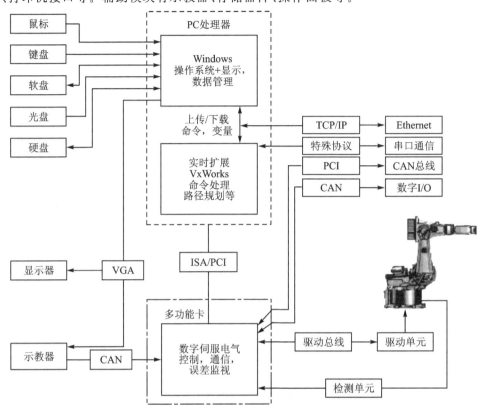

图 3.28　基于计算机＋实时操作系统＋高速总线的运动控制器

4. 示教器

　　为了更方便地控制机器人,操作人员在进行现场编程调试通常都会手持一个示教器。示教器(Teach Pendant)又称为示教编程器。它主要由液晶屏幕和操作按钮组成,是控制系统的操作终端,见图 3.29。机器人的大部分操作都可以通过示教器完成,如点动机器人,编写、测试和运行机器人程序,设定机器人状态,查询机器人状态设置和当前位置等。它有独立的 CPU及存储单元,与机器人控制器以 TCP/IP 等方式进行信息交互。

　　示教器采用开源操作系统,主要操作功能如下:

　　① 对机器人各轴进行正反向点动或连续运动控制,调整机器人工具端的运动方向和速度,以及通过急停按钮进行急停;

　　② 能对示教的坐标系进行调整,示教坐标系有关节坐标系、直角坐标系、工具坐标系等;

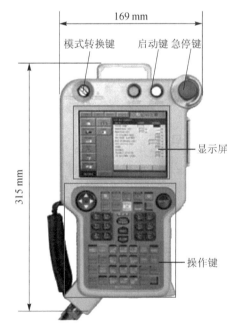

图 3.29　机器人示教器

③ 能够进行语句编写、语句插入、语句删除、编辑、联合调试等;

④ 运行与测试程序,作业程序编辑完成后,在示教模式下可进行程序的手动运行,能提示错误原因和自动报警;

⑤ 选择控制模式,有示教模式、再现/自动模式、远程/遥控模式;

⑥ 设置和查看系统信息,设置运动参数,查看机器人状态信息等;

⑦ 数据备份与恢复,对数据信息进行备份,需要时可恢复数据信息;

⑧ 文件操作,文件的注册、建立、选择、删除、保存、复制、格式化等;

⑨ 与机器人控制器通信,文件传输、获取机器人状态信息等;

⑩ 错误提示,对操作者的操作错误和机器人的危险状态进行报警,防止损坏机器人或危害人身安全。

使用示教器编程是最常见的机器人编程方式,详见第 6 章 6.1 节。

习　题

3-1　写出 6 种常见的机器人结构形式,并画出它们的关节运动形式。

3-2　写出 4 种以上用于机器人的驱动元件。

3-3　调研 3 种以上常用的工业机器人减速器,并对比它们的传动精度。

3-4　调研 SCARA 机器人第 3 个转动关节和最后一个移动关节。要求:根据调研所得的图片和视频信息,画出传动原理图(提示:用到了滚珠丝杠花键的传动装置)。

3-5　已知由于机器人的减速装置和传动装置之间存在一定间隙,因此关节电机反馈的转角(除以传动比)并不是关节的实际输出转角,如果在关节输出端安装精密角位移传感器,采集关节的实际输出转角,问应该选择何种传感器? 这种传感器引入了位置全闭环,对控制系统设计有何影响?

3-6　已知在机器人关节安装扭矩传感器或电流传感器或在机器人末端安装多维力传感器,都可以精确控制机器人与环境的作用力。问:对比这两种方案的技术特点,它们各有何优缺点?

3-7　调研 3 或 4 种机器人 3D 视觉产品,要求从测量范围、测量精度、成本三个方面归纳整理,列出简表。

3-8　调研并写出机器人更换电池的操作方法。

3-9　调研并写出校正机器人关节机械零点的操作方法。

3-10　已知 PMAC 卡是一种在机器人领域广泛使用的开放式运动控制器,调研该控制器,并画出它与伺服电机驱动器的接口电路。

3-11　调研 3 种机器人的实时操作系统,简要列出它们的技术特点。

3-12　调研 3 种主要用于伺服电机控制的总线通信协议,简要列出它们的技术特点。

第 4 章　常用机器人应用技术

人类发明机器人的主要目的是让机器人能够替代人类去完成各种危险、重复的工作。来自工业以及各种特殊作业的应用需求极大地推动了机器人技术的发展,反过来,机器人的广泛应用则极大地提高了生产率和安全性,降低了生产成本,改善了作业环境条件。本章从应用角度出发,基于前面的机器人基础知识,对工业中最常见的机器人应用技术进行介绍,包括机器人搬运、焊接、材料去除、喷涂和装配等典型应用。

4.1　机器人搬运

机器人搬运包括抓取、输送、包装、码垛、分拣等多个过程。搬运机器人是制造业和物流业使用量最大的机器人。机器人搬运的主要问题是设计抓手和相应的抓取策略,以适应搬运对象的物理性质、几何尺寸和位置的变化以及搬运效率。主要应用在搬运重物、码垛、加工制造上下料以及食品和半导体行业的洁净搬运等。

4.1.1　搬运机器人

搬运机器人可以替代人工完成物料的自动搬运和码放任务,是一种在工业场合广泛使用的机器人类型,如加工制造的上下料操作等。

作业特点:一般是点位运动,重复定位精度要求不高,但要求较快的运动速度或较快的工作循环时间(cycle time)。

优点:① 动作准确稳定;② 降低工人的劳动强度;③ 代替人工在危险、恶劣环境下作业;④ 适应性强,可灵活改变作业方式;⑤ 重载作业,生产效率高。

1. 分　类

按搬运方式,搬运机器人包括以下 2 种:

① 物料在搬运过程中不做翻转运动,只做平移运动,如直角式坐标机器人(见图 3.7)、四轴码垛机器人(见图 3.8)。

② 可实现工作空间内任意位置和姿态的搬运,如 6 轴搬运机器人,见图 3.1(a)。

按结构形式,搬运机器人包括以下 5 种:

① **直角坐标式**搬运机器人:见图 3.7。

② **水平关节式**搬运机器人:也称为 SCARA 式机器人,见图 3.5。

③ **关节式**搬运机器人:应用最广泛的机型,见图 3.1。

④ **圆柱型**搬运机器人:见图 3.8(c)。它是一种码垛效率特别高的专用机器人,码垛速度可以超过 1 000 袋/时,电机总功率小于垂直关节式,主要应用于饲料、化肥、糖、家电等大宗物资的批量码垛。

⑤ **并联式**搬运机器人:主要应用于电子、医药和食品等行业的搬运,见图 3.10。

2. 系统组成

(1) 搬运机器人系统主要组成

机器人系统由操作臂(机械本体)、控制器、示教器等组成。

周边配套设备或装置:末端执行器(抓手)、输送设备、外部轴、视觉识别与定位装置等。

按照用户的搬运需求,将搬运机器人与周边配套设备集成在一起,成为搬运机器人系统,图 4.1 所示为并联机器人装箱系统,图 4.2 所示为 6 关节机器人上下料系统。

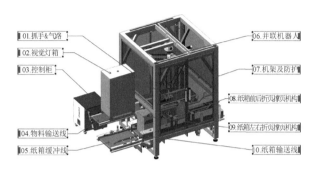

图 4.1　机器人装箱系统　　　　　　　　　图 4.2　机器人上下料系统

(2) 末端执行器(抓手)

搬运机器人高速往复搬运物体,末端执行器是保证搬运机器人安全可靠作业的关键部件。常见的末端执行器主要有夹爪式(见图 4.3)、夹板式(见图 4.4)、蛤壳式(见图 4.5)、真空吸盘式(适用于平整的不透气表面,见图 4.6)、组合式(见图 4.7)、磁吸附式(适用于铁磁材料,见图 4.8)、软体抓手(适用于易碎物品,见图 4.9)。

(a) 平动型　　　　　　　(b) 摆动型　　　　　　　(c) 多指型

图 4.3　夹爪式抓手(来源:雄克抓取系统)

图 4.4　夹板式抓手　　　　　　　　　图 4.5　蛤壳式抓手

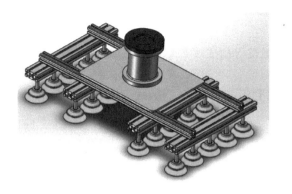

图 4.6　吸盘式抓手

负压吸盘

机械抓指

图 4.7　组合式抓手

(a) 矩形磁吸盘

(b) 圆形磁吸盘

图 4.8　磁吸附式抓手

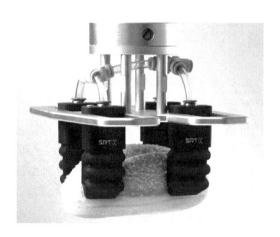

图 4.9　软体抓手(来源:北京软体机器人公司)

虽然类似于人手的智能抓手正在研究开发中,但大多数工业自动化应用目前还不需要这些高级功能的抓手。

各种抓手的形式见图 4.3~图 4.9,最常用的是标准两爪抓手(见图 4.3)。标准化的抓手模块可以直接按照产品目录选用,用户只需要设计与被夹零件相适应的抓指。

袋装物品的码垛常采用蛤壳式抓手(见图 4.5)。麻袋不需要精确地放置,麻袋掉落的振动可使物料更加均匀。

真空吸盘式抓手广泛地用于搬运平面工件或者是箱装物体(见图 4.6),特点是操作迅速,不会损伤被抓取零件的表面。真空吸盘的直径应尽可能小,这是因为越大的吸盘需要更多的时间把气体从吸盘中排出,从而影响工作节拍。真空吸盘的橡胶工作在 20 ℃ 左右,低于 4 ℃时可能会失效。有些特殊的吸盘式抓手可以吸附表面不太平整的物体。

对于铁磁材料的罐装物品的抓取,有效的办法是采用磁吸附式抓手(见图 4.8)。但是磁吸附式抓手要比抓取的物体重得多,所以要考虑机器人的有效载荷。

大多数抓手都是气动的,这样可使抓手质量很轻。在需要很大夹持力时可以采用液压驱动。当夹持位置需要精确控制时,可以使用普通电机或伺服电机驱动。液压驱动有泄漏风险,而电机驱动会增加抓手的质量和成本。

在抓手上安装传感器可以检测抓手的工作状况,提高抓取操作的可靠性。需要注意的是,抓手是机器人系统与外界接触的部件,容易磨损和损坏。安装抓手时采用定位销可以使安装维修工作大大简化,也不需要重新调试机器人程序。

(3) 输送设备

输送设备主要有滚筒式输送机(见图 4.10)、带式输送机(见图 4.11),物料摆放装置或托盘,以及物料规整机(见图 4.12)等。

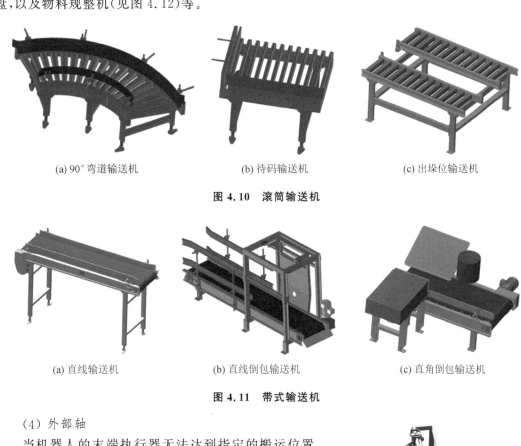

| (a) 90°弯道输送机 | (b) 待码输送机 | (c) 出垛位输送机 |

图 4.10　滚筒输送机

| (a) 直线输送机 | (b) 直线倒包输送机 | (c) 直角倒包输送机 |

图 4.11　带式输送机

(4) 外部轴

当机器人的末端执行器无法达到指定的搬运位置或姿态时,可以通过加装移动平台或转台以增加机器人系统的自由度或工作范围。常见的外部轴有提供 1 个平移自由度的直线运动单元、提供 1~3 个转动自由度的变位机等。

图 4.12　物料规整机(压平整形输送机)

3. 搬运机器人应用中的关键问题

搬运机器人往往置于一条连续的生产线中,在集成应用时要考虑与上、下游工位之间的衔接关系,特别要考虑循环时间是否合理、工件是否需要翻面。

搬运机器人并非总是要选择 6 轴机器人,虽然其灵活性高于 5 轴或 4 轴机器人,但是搬运节拍往往低于后者。

在机器人上、下料中,末端执行器往往允许有两个装夹工件的位置,一个位置装载待加工工件,另一个位置取出成品工件。

在折弯机上、下料中,搬运机器人需要跟随折弯机运动,此时搬运机器人要考虑连续轨迹运动。

在工件几何特征或抓取位置不确定的情况下,需要考虑采用外部机械定位系统或视觉定位系统。

在设计搬运机器人总体方案时,往往可以继承一个成熟的设计方案,再针对具体应用场景,进行改进设计。

4.1.2 码垛机器人

码垛机器人是应用最广泛的一类搬运机器人(见图 4.13),小臂-小臂副杆-三脚架-大臂-大臂副杆组成两套平行四边形机构,保证手腕总是朝下,适用于码垛应用场景。码垛机器人能够把外形尺寸相同(或不同)的包装物料整齐、自动地按规格尺寸码放,比如将成袋的饲料按照一定的垛型堆码在托盘上。码垛机器人通常具有 4 个轴,采用串联或混联结构,主要适用于带包装物料的批量码垛,比如袋装/箱装/桶装的物料。通常说的码垛机器人系统包括抓手、待码机、整形机、输送线、自动托盘库等周边自动化设备。

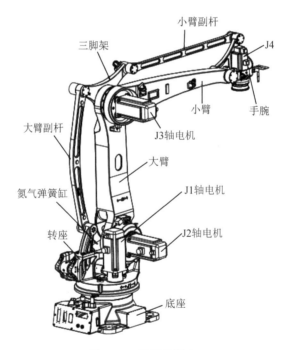

图 4.13 码垛机器人

1. 码垛机器人的技术要求

(1) 轴 数

码垛操作通常是将箱装或袋装物品从传送带上取下然后堆码到托盘上。绝大部分情况下仅需要将物品绕竖直轴旋转,改变物品在水平面的角度,并不需要将物品在其他方向调整姿态,因而码垛机器人通常没有第 5 轴和第 6 轴,常见的码垛机器人都是 4 轴机器人。4 轴机器人与 6 轴机器人相比,结构刚度更大,负载能力更大,码垛效率更高。通常情况下,码垛机器人的选型比较简单,主要根据负载能力和工作空间来确定机器人型号。

（2）工作空间

托盘是在集装、堆放、搬运和运输过程中，用于放置标准包装货物的水平平台，是使静态货物转变为动态货物的媒介物。

托盘的尺寸和位置会直接影响机器人的作业半径，不恰当的托盘位置还会影响机器人的码垛节拍。在确定工作空间时，设计人员需要考虑满垛货物的最大高度，确保机器人可以对最上面一层进行码垛。码垛机器人的最大码垛高度通常为 2～3 m，在实际生产中满垛高度往往低于这个高度。

通常一台机器人周围最多放置四个托盘。当机器人安装在轨道上时，就可以对更多的托盘进行码垛作业。但是这种设计会增加码垛时间，因此设计者需要权衡使用两台机器人与使用一台机器人加外部轴的综合收益。

（3）承载能力

码垛机器人的承载能力由单元物品（箱装物品、袋装物品或其他形式）的重量、抓取方式（抓手）和每次抓取的数目等因素决定。每次抓取的数量通常由生产能力决定。为提高生产能力，机器人在单个工作循环内可能会抓取两个、三个甚至整层的单元物品，因此会对抓手和输送系统提出相应的设计要求。

（4）抓手（夹持器）

抓手通常采用气动装置，以保证抓取动作的快速性。如果在每个工作循环内要求机器人抓取两个以上的货物，那么供料系统就需要将两个以上的货物靠近摆放，使抓手能够同时抓取。一次抓取多个货物后，在放置位置可能同时放下多个货物，也可能是逐个放下货物。整层码垛的方式和过程也是如此。有时整层码垛会更加快捷、方便，比如在箱装方便面的码垛机器人系统中，阵列式的负压吸盘抓手一次可以抓取若干箱方便面，作为一层码放在托盘上。

（5）供料系统

供料系统是供给码垛机器人抓取物料的系统。设计供料系统时需要注意的是同时送入多个货物的情况。供料系统可以根据产品的标识（如条形码）区分同一条传送带上不同种类的产品，机器人可以分别将这些产品送至对应的托盘上。另一种方案是一台机器人对不同的传送带进行操作，每条传送带的产品种类相同。

有些货物输送进来的角度或者位置不确定，通常有两种解决方案：① 在进料皮带上增加特定的机械装置（比如固定挡杆或挡板）将货物整齐有序排列；② 在供料系统上方增加视觉识别系统，识别货物的角度和位置信息，发送给码垛机器人控制器，自动更新码垛程序中的抓取目标点信息。

（6）码垛工位

大多数码垛系统都是一个输送线对应一个托盘。托盘堆满时，需要更换托盘，此时必须要考虑更换托盘所需要的时间。

如果是输送线上的货物都码放在同一种托盘上，机器人可以在堆满左侧托盘之后自动转向右侧托盘，继续码垛。操作人员则可以在合适的时机取走满托盘，为机器人更换空托盘。对于双线四垛形式的机器人码垛，机器人对应两条输送线，如果两条输送线传送的货物不同，则机器人需要识别货物和与之对应的托盘。当一个托盘堆满时，机器人对另一个托盘进行码垛，操作人员就可以将满托盘取走，更换托盘，这样码垛系统就可以不间断连续作业。

（7）托盘更换

对于托盘更换频率高的情况,可以有两种解决方案:①简易托盘库,由机器人抓取空托盘并放在码垛位,这种情况需要占用机器人作业时间操作空托盘;②自动托盘库,由操作人员放置一定数量的空托盘到托盘库中,空托盘由传送带送至码垛位,不需要机器人操作空托盘,因而不会影响码垛节拍。

堆满的托盘一般利用传送带移出,只要在下一个托盘堆满之前将该满托盘移出,整个码垛过程就不会有间歇。满托盘输出到指定的安全区域,操作人员再将其取走。

（8）隔　　板

有时层与层之间放有隔板,可以由机器人从库中抓取隔板,然后放在托盘上。隔板库应在机器人的工作范围之内。一般采用复合抓手,抓手具有抓货物和抓隔板两种工作模式。

（9）安　　全

一般要采用物理隔离方式保证操作人员无法进入码垛机器人的工作区域。通常采用两层安全防护系统。如果操作人员进入外层防护区,码垛机器人减速运行;如果操作人员进入内层防护区,码垛机器人停止运行。

（10）其他问题

抓手是码垛系统设计的难点,它取决于货物的类型、包装方式以及输送方式。满足特定码垛需求的抓手,一般都需要非标定制。另外,由于托盘、输送线和安全区域都需要占有一定空间,因此在方案设计时应考虑留有足够大的空间。

2. 码垛机器人应用

（1）适用包装形式

码垛机器人可适用于袋装物品(如粮食、饲料、糖、盐、水泥、化肥、化工原料等)、箱装物品(如家电、食品等)、膜包物品(瓶装、罐装产品)、周转箱、以及桶装物品等的码垛工作。

典型的袋装物料码垛机器人系统如图 4.14 所示。图 4.15 所示为化肥码垛机器人系统。

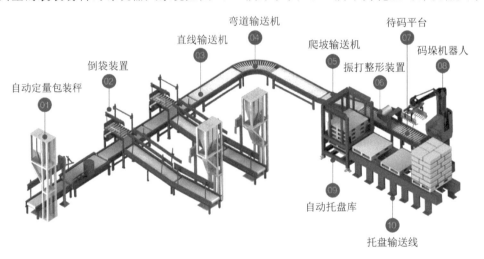

图 4.14　袋装物料码垛机器人系统

典型的箱装物料码垛机器人系统如图 4.16 所示。图 4.17 所示为桶装物品码垛机器人系统。

图 4.15　化肥码垛机器人系统

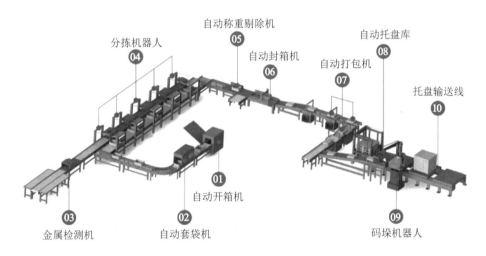

自动称重剔除机　⑤
分拣机器人　④　　　自动封箱机　⑥
自动打包机　⑦　　自动托盘库　⑧
托盘输送线　⑩
自动开箱机　①
③金属检测机　②自动套袋机　⑨码垛机器人

图 4.16　箱装物料码垛机器人系统

图 4.17　桶装物品码垛机器人系统

（2）**码垛方式**（垛型）

常见箱装和袋装物品的码垛方式有重叠式、正反交错式、纵横交错式和旋转交错式 4 种，如图 4.18 所示。各种码垛方式的说明和特点见表 4.1。

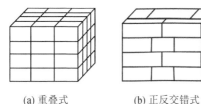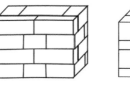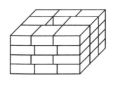

(a) 重叠式　　　　　(b) 正反交错式　　　　　(c) 纵横交错式　　　　　(d) 旋转交错式

图 4.18　常见码垛方式

表 4.1　各种码垛方式的说明和特点

码垛方式	说　明	优　点	缺　点
重叠式	各层码放方式相同,上下对应,各层之间堆码不交错,是码垛作业的主要形式之一,适用于硬质整齐的物品包装	堆码简单,堆码时间短,承载能力大,托盘可以得到充分利用	不稳定,容易塌垛,堆码形式单一,美观程度低
正反交错式	同一层中,不同列的包装体以90°垂直码放,而相邻两层之间相差180°,这种方式类似于建筑上的砌砖方式,相邻层之间不重缝	不同层间咬合,稳定性高,不易塌垛,美观程度高,托盘可以得到充分利用	堆码相对复杂,堆码时间较长,包装体之间相互挤压,下部分容易压坏
纵横交错式	相邻两层货物的摆放旋转90°,一层成横向放置,另一层成纵向放置,纵横交错堆码	堆码简单,堆码时间相对较短,托盘可以得到充分利用	不稳定,容易塌垛,堆码形式相对单一,美观程度较低
旋转交错式	第一层中每两个相邻的包装体互为90°,相邻两层间码放又相差180°,这样相邻两层之间互相交叉咬合	稳定性高,不易塌垛,美观程度高	中间形成空穴,降低托盘利用率,堆码相对复杂,堆码时间较长

(3) 针对袋装物品码垛的周边设备

倒袋(包)机:对输送线传送来的袋装物品进行倒袋和转位,并传送到下道工序,如图 4.11 (b)和(c)所示。

整形机:袋装物料经整形机的辊子压实、排除气体、整形,使袋内物料均匀散开,并传送到下道工序,如图 4.12 所示。

待码机:与夹持式末端执行器配套使用,用于抓取袋装物品,如图 4.10(b)所示。

(4) 码垛机器人的技术特点

在满足码垛负载要求的条件下,往往要求码垛机器人具有很高的工作节拍(循环时间),比如袋装物品码垛要求码垛机器人的工作节拍不超过 3 s。为了尽量缩短码垛机器人的工作节拍,可以从几个方面进行优化:① 提高码垛机器人的性能指标,比如提高机器人的运行速度和加速度,提高机器人本体的结构刚度,提高关节电机的峰值扭矩,采用更优的轨迹生成算法或基于机器人动力学轨迹规划方法;② 优化周边设备的布局,比如优化待码机(抓取点)和托盘(放置点)相对于机器人的位置,从而缩短码垛路径的长度;③ 优化垛型排序,缩短码垛往复路径长度;④ 采用正抓和反抓功能,减小手腕关节的旋转角度等。

4.1.3　上下料机器人

1. 承载能力

机器人为机床上下料要考虑的首要问题是目标工件的重量和外形。设计目标是使得机床加工效率最高,因此应尽量减少空操作时间。

为此,通常机器人采用双抓手,拆卸已完成工件和安装待加工工件同时进行,可以节省机器人上下料的运动时间,因此机器人的承载能力应大于一个待加工件、一个成品工件和双抓手的总质量,且应考虑到一般待加工件通常比成品件质量大。

当机器人只抓持一个工件时,抓手上没有另外一个工件作为平衡重量,机器人的载荷会偏离手腕中心。

机器人的承载能力取决于负载质量和重心相对于手腕安装法兰的偏距两个因素。有时待加工件和成品件的形状不同,因此抓持方式也不同。在这种情况下,即便一次只搬运一个工件,可能也需要使用两种抓手,见图 4.19。

2. 工作范围

机器人负载能力确定之后,就需要考虑机器人的工作范围。工作范围与机器人的可达性有关,一方面是与机器人到达机床上的夹具或者床头箱的卡盘的位置有关,另一方面是与上下料空间的大小有关。

一般机器人要深入机床内部操作,因此必须要避免物理干涉,预留工件拆卸的空间也很重要。如果零件相对较大或者上下料空间相对较小,机器人不能同时抓持两个工件操作时,机器人就需要先移除加工好的零件,再安装待加工件。为了尽量减小这些运动对加工时间的影响,可以考虑在机床旁边设置暂存区存放工件。

图 4.19　机器人双抓手

3. 工件输送

待加工件可能会从托盘、传送带或者工件库中被送过来。加工后,工件可能被放在相同的托盘上,也可能放在不同的托盘上或者放在传送带上被送走。一般在输入/输出装置上设置缓冲区,以减少人为干预。

4. 机器人上下料系统

同一个机器人可以对两个以上机床进行上下料操作,这些工位按照工序排布在机器人周围,使得机器人在相邻工位之间移动的时间最短。当工位距离较大时,机器人可安装在轨道上,以扩大机器人的工作范围。

一个上下料系统中有多台机器人时,需要设置交接站实现零件在机器人之间的传递。如果上下料系统中有更多的机器人,则可以拆分成多个子系统,但相应地会增加成本和占用空间。

5. 工具更换

由于零件之间的差异,设计时还应采用工具更换装置。在第 3 章 3.2.1 节中介绍了工具转换器。虽然更换工具需要一定时间,但是可提高系统的灵活性和适应性。工具更换装置要考虑到为多种夹持器预留位置。

6. 维修通道

设计时还应考虑机器人上下料时使用的空间通道,特别是要考虑质量较大的零件需要叉车或者吊车的情况。当机器人对多台机床同时操作时,安全防护系统需要预留维修通道,当人员进入系统内进行维护作业时,系统的其他部分不会因此而停机。

7. 其他问题

机器人上下料的效率通常取决于装卸零件的速度。有些工位可以设置在机器人附近,如机器人为成品件去毛刺、尺寸检测等,这样可以充分利用机器人的空闲时间,使机器人在加工周期内执行更多的操作。

4.1.4　机器人包装

包装分为销售包装和运输包装。一般销售包装是一次包装,比如肉类和面包产品首先被机器人装入托盘中,然后进行热缩包装。二次包装就是将一次包装的产品放入更大的包装箱中,即运输包装。一般码垛机器人系统都是对二次包装进行操作。

制定包装系统方案时,首先应明确生产能力要求、产品类型、输入至包装单元的方式。同时还需确定输出的包装形式。

1. 一次包装

产品通常不规则地散布在传送带上,机器人系统需要将这些产品从传送带上抓起放入托盘。托盘通常是从托盘库中传出,并被送到传送带上面。传送带上有隔条,用于托盘定位。托盘传送带通常与产品传送带平行布置,这种布局有助于缩短机器人抓放距离,缩短机器人往复运行的时间。

机器人末端抓手的设计应与产品相适应,既不能损坏产品,又要求抓放快速、可靠。吸盘式抓手的抓取和放下速度都较快,但有些产品就不适合采用真空吸盘,比如透气的饼干包装。有时机器人抓放操作的加速度很大,会产生较大的惯性力,因此应确保在抓放过程中产品不能脱落。

产品通常是不规则地散落在传送带上,可以采用视觉系统确定产品的位置,并引导机器人进行抓取操作。

设计机器人包装分拣系统首先要根据生产能力、产品重量、预期抓取速率,明确机器人的类型和数量。对于轻小型物品,采用并联机器人可以获得很高的加速度,从而达到较高的抓取速率,但这种机器人的承载能力有限,而且常用的 Delta 并联机器人是 4 轴机器人,不能翻转产品,只能在抓取点和放置点之间平动,如果产品需要调整姿态,那么就应该选择 6 轴机器人。

有时需要机器人一次抓取多个产品。能否像码垛机器人那样同时抓取两个以上的产品取决于机器人的承载能力、抓手的质量与尺寸以及产品在托盘上摆放的形式。

对于食品行业,需要机器人满足卫生等级要求。

选定机器人的数量和型号之后,就应该确定机器人系统的布局。布局要点:①托盘传送带通常与产品传送带平行;②可在产品传送带上方安装视觉系统跟踪产品,一般设在机器人包装单元的入口位置;③并联机器人通常被放在产品传送带的上方;④如果多台机器人采用一字排开的布局方案,应该为每一台机器人划分工作区域;⑤加工后的产品(一次包装)被送至包装机,因此托盘传送带通常与包装机设有接口,并属于机器人系统的一部分。

2. 二次包装

二次包装一般跟消费者购买商品时见到的包装一样,有时就直接成为货架包装。二次包装的形式有纸箱、塑料箱、桶装、罐装、瓶装等。

一般情况下,二次包装的输入比一次包装的输入更加规则。设计时主要考虑生产效率、产品类型和目标包装类型。产品类型决定抓手设计,为了获得较高的生产率,一般尽量使用吸盘式或磁吸附式抓手,或者在一个工作循环内抓取多个产品。

放置瓶、罐等这类产品时,通常采用整层或整列摆放的形式。还应考虑产品的摆放形式,比如进行二次包装时,为最大化利用空间,可能会让某些产品头尾颠倒放置。为了满足产品放置要求,有时要求机器人在每个工作循环内抓取不同数量的产品。

摆放要求决定了在抓取产品时需对产品进行整理。整理后的产品,能够采用成组的方式进行码放。一般通过传送带实现产品输入和整理,还可以利用机器人调整产品的姿态,比如旋转产品。也可以利用抓手改变产品的编组,最简单的办法就是调整一组产品中的间距,如,传送带运送到的货物是间隔开的,抓手可以将它们收拢在一起,然后再放入包装系统。

确定抓手每次夹持产品的数量,就可以估计抓手的承载量,据此就可以确定机器人的承载能力。根据摆放形式的要求就可以确定产品是否需要调整姿态。

设计人员可以综合以上信息进行机器人选型。根据生产能力和每个循环时间抓取产品的数量,就可以确定机器人的数量。

作为系统方案的一部分,设计人员还要考虑包装成型工艺。塑料盒包装通常需要存储库,需要考虑补充存储库的频率。使用纸板箱就需要考虑其成型工艺,一般使用专用的制箱机,便于集成在自动化系统中。对于小批量情况,机器人可配备专门的制箱设备。

在包装系统中,层间隔板需要逐个喂送。最常见的是将卷纸裁开,成为纸板。由机器人完成抓取和放置隔板的操作。

包装的下一道工序是压实、封箱或密封操作,这些操作都可以用专用设备完成,如图 4.20 中的自动封箱机。在柔性要求较高的生产环境,这些操作也可以由机器人配备相应的工具来完成。

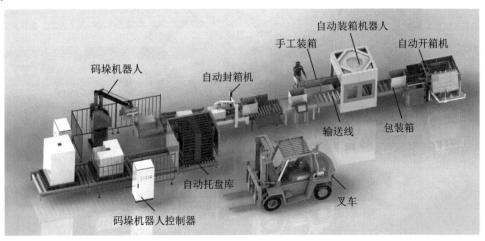

图 4.20　机器人自动装箱、码垛系统

有时还要求用机器人给包装贴上标签。如果利用机器人完成纸箱成型、封口和贴签等操作的话,该机器人还可以和码垛操作集成起来。

至于选择何种方案,主要取决于生产柔性和目标产量,关键问题在于提供一种能够平衡多个设计因素的解决方案。

4.2 机器人焊接

4.2.1 焊接机器人

焊接是机器人最成功的应用领域之一,全球 1/4 的工业机器人应用于焊接作业。焊接机器人多为点焊机器人和弧焊机器人,主要应用于汽车、家电等板材和钢结构的焊接作业。目前越来越多的焊接机器人代替了人工焊接,这是因为机器人焊接的质量稳定,避免人体受到有害气体、射线和高热的伤害,可连续工作。

1. 焊接机器人系统的组成

焊接机器人系统主要包括机器人、焊接设备以及变位机。最典型的焊接工艺是点焊和弧焊,弧焊又涉及多种焊接工艺,比如熔化极惰性气体保护焊、钨极惰性气体保护焊等。点焊的焊接设备由焊接电源(包括其控制器)、焊钳等组成;弧焊的焊接设备由焊接电源(包括其控制器)、焊枪、送丝机等组成。变位机的作用是在焊接时使焊缝处于机器人较好的位姿下进行焊接,提高机器人相对于焊缝位置的可达性,避免仰焊等不利情况的出现。

2. 主要结构形式及性能

焊接机器人机械本体的结构主要有两种形式:串联关节式结构和混联型(内嵌平行四边形机构)结构,见图 4.21。串联关节式结构的主要优点是工作空间大,在操作空间内几乎能达到一个球体。这种机器人还可以倒置悬挂,可以节约占地面积,方便工件移动。混联型机器人的小臂是通过一根拉杆驱动的,拉杆与大臂组成一个平行四边形。这种机器人工作空间往往不及串联关节式机器人,且难以倒挂。在实际生产中,串联式 6 轴焊接机器人较为常见。

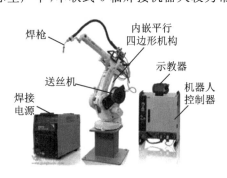

(a) 串联关节式　　　　　　　(b) 混联型(内嵌平行四边形机构)结构

图 4.21　焊接机器人结构形式

4.2.2 点焊机器人

点焊是用压力使两块金属板贴合,在接触点通以电流使接触点的金属熔融,将两块金属板焊接到一起。这一方法被广泛应用于车身制造。

点焊机器人主要应用于箱体类钣金件的自动焊接,主要形式为点焊工作站(见图 4.22(a))或者复杂多点焊接的焊接线。主要优点:焊接速度高,能保证焊接的重复性和一致性。典型的点焊机器人如图 4.22(b)所示。

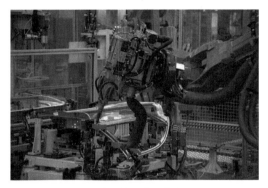 

(a) 点焊机器人工作站　　　　　　　　(b) 点焊机器人

图 4.22　点焊机器人

1. 基本功能

点焊机器人作业主要是点位(PTP)轨迹,定位精度要求不高,但点与点之间的运动速度要快,要平稳,以提高作业效率。

一般焊接工具(焊钳)连同变压器为一体,背负在机器人手臂上,以避免拖缆太长使电能损耗大,且拖缆频繁运动易损坏,因此点焊机器人的负载较大。点焊作业工况对机器人的重载高速性能要求较高。典型的点焊机器人的负载能力超过 120 kg,平均每个焊点耗时 1 s 或 2 s。

2. 焊接设备

(1) 点焊钳

点焊钳是点焊机器人的焊接工具。点焊钳有两个臂,每个臂都有一个触头。两个臂可以做开合运动,一般以气动驱动。当两触头闭合时,压紧两块金属板。变压器提供电流,电流流过焊钳臂和触点组成的回路,在接触点上产生热量使金属融化。点焊过程的关键参数是提供电流的大小和接通电流的时间长短。焊钳臂的尺寸由被焊件确定。触头需要放置在被焊件的两侧,因此焊钳一般尺寸较大,比较笨重,很难通过人工操作将焊钳刚好定位到正确位置。于是,点焊便成为机器人的主要应用领域之一。

利用伺服电机驱动焊钳臂的开闭,可以让焊钳臂移动到预定位置,而且可以由机器人进行程序控制。

(2) 变压器

随着点焊机器人的发展,变压器已被集成到焊钳中,这样就大大缩短了焊钳电缆的长度;而且焊接控制器或焊接定时器也被集成到机器人控制器中,这样就为用户提供了一个完整的机器人点焊系统。由于点焊机器人采用一体化焊钳,因此变压器应尽量小型化。小型变压器可以采用 50 Hz 工频电源,对于容量较大的变压器,采用逆变技术将 50 Hz 工频变为 600～700 Hz 交流,以减小变压器的体积和减轻质量。变压后可直接用交流焊接,也可整流后用直流焊接。焊接参数由定时器调节,定时器可与焊接机器人控制器直接通信。焊钳开合一般是气动的,电极压力一旦调定后不能随意变化。典型的焊钳如图 4.23 所示。

（3）管线包

管线包是给焊钳提供水、电、气、液的重要的部件。管线包安装在机器人本体的小臂上,通过电缆束将工艺指令由机器人传递到焊钳,但不能阻碍机器人的运动或者挡住待焊接的工件。由于管线包随机器人焊钳频繁转动,因此很容易磨损,造成故障。目前机器人的设计尽可能地将管线包集成到机械臂中,包括将电缆穿过一些轴的中心,还有一些专门设计的管线包（见图 4.24）,这些都是为了减少电缆的磨损并提高点焊机器人系统的可靠性。管线包的成本在点焊机器人总成本中所占比重较大。

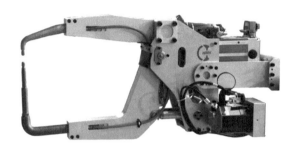 

图 4.23　点焊钳　　　　　　　　　　　　　图 4.24　点焊管线包

（4）电极帽（触头）

由于焊钳上的电极帽长期使用会变形磨损,因此需要定期更换。自动电极帽修整器能够提供自动维护电极帽的功能,以减小维护工作量。

3. 抓持方式

（1）机器人抓持工件

通常是预先在机器人上安装夹具,由机器人直接夹持工件,然后将工件送到焊接设备处,这样可简化工件的搬运。也可由操作人员将工件安装在工装上,由机器人抓持工装,然后将工装送到焊接设备处。由于工件的重量一般比焊钳的轻,所以机器人的承载能力可以小一些。

（2）机器人抓持焊钳

对于车身等幅面较大的薄板焊接,一般由机器人抓持点焊钳进行焊接。

4.2.3　弧焊机器人

电弧焊利用电弧产生的热量使两块金属融化在一起。与点焊不同,电弧焊只需要在工件的一侧加热。电弧焊中最重要的工艺参数是焊丝的进给速度、电压、电流、焊枪头与焊缝间的距离、焊枪沿焊缝的运动速度。

弧焊机器人如图 4.25 所示,其优点与点焊机器人相似。对于具有很多短焊缝的工件（如汽车座椅框架）,机器人能在不同的焊缝之间快速移动,焊接不同形式的焊缝。对于大型工件（如工程机械组件）,可采用双丝焊接,以提高焊接速度。有时需要采用两台或多台机器人对称布局来焊接大型工件,避免工件单侧受热,另外一侧变形过大。弧焊机器人系统的生产率一般是人工的 2~4 倍。

在弧焊作业中,一般待焊工件固定在夹具中,夹具安装在变位机上,以方便工件调整姿态,保证机器人夹持焊枪能够到达所有焊缝位置。

弧焊机器人通常还会集成焊接软件包,对焊接过程实现全数字控制。

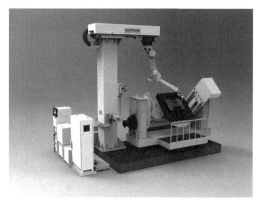

图 4.25　弧焊机器人(来源:开元焊接)

1. 焊接工艺

MIG 焊(Melt Inert－Gas welding,熔化极惰性气体保护焊)是利用连续送进的焊丝(也是电极)与工件之间燃烧的电弧作为热源,电弧由焊丝产生,将焊丝熔化在焊缝里,填充焊缝,由焊枪喷出的惰性气体(一般为氩气)保护电弧进行焊接。焊枪安装于机器人的手腕处,焊丝由送丝机进给,送丝机通常安装在机器人小臂处。焊丝盘一般安装在机器人基座上。焊枪一般是用水冷却的。MIG 焊广泛应用于汽车部件以及常规金属焊接中,大多数机器人焊接使用 MIG 焊。

MAG 焊(Melt Active‐Gas welding,熔化极活性气体保护电弧焊)是采用在惰性气体中加入一定量的活性气体(CO_2 等)作为保护气体的一种焊接工艺。MAG 焊多用于碳钢焊接。

TIG 焊(Tungsten Inert‐Gas welding,钨极惰性气体保护焊)并不提供额外金属,除非使用外加的填充金属丝,因此焊缝完全由焊缝处的金属熔化形成,由惰性气体在电弧处形成的保护层来避免金属的氧化。TIG 焊的热源为直流电弧,工作电压为 $10\sim15$ V,电流可达 300 A。工件为正极,焊炬中的钨极为负极,惰性气体一般为氩气,一般称这种焊接工艺为氩弧焊。TIG 焊适用于高精度加工,尤其是薄板工件。

TIG 焊与 MAG/MIG 焊的区别:

MAG/MIG 焊的焊丝为电极,在焊接过程中电极将其熔融,边送丝边熔融,要求送丝机工作稳定。常用的 MAG/MIG 焊枪及电源如图 4.26 所示。常用的 CO_2 气体保护焊送丝机如图 4.27 所示。

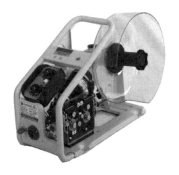

图 4.26　MAG/MIG 焊枪及电源　　　图 4.27　气体保护焊送丝机

TIG 焊的电极是钨针,只产生电弧,不能被熔融,由送丝机专门送丝,通常叫作填料氩弧焊。与 MAG/MIG 焊的送丝机也不同,TIG 焊需要对焊丝预热($>300\ ℃$)。常用的 TIG 焊枪如图 4.28 所示。常用的埋弧焊自动小车如图 4.29 所示。TIG 焊电极自动交换装置用于钨极的连续自动更换。

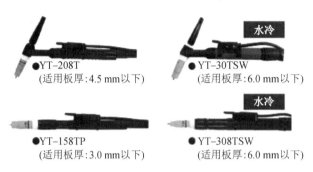

图 4.28　TIG 焊枪

(来源:唐山松下机器人)

图 4.29　埋弧焊自动小车

(来源:振康机器人)

2. 系统组成

(1) 机器人

弧焊机器人通常是具有焊接接口的 6 轴机器人,负载能力为 $6\sim25$ kg。

(2) 焊接电源

气体保护焊(MAG、MIG、TIG)的焊接电源有晶闸管式、逆变式、波形控制式、脉冲或非脉冲式等。由于机器人一般采用数字控制,而焊接电源多为模拟量,所以在机器人和焊接电源之间需要进行 A/D 转换。由于加工中电弧时间占用工作周期的比例较大,因此应按持续率为 100% 确定电源容量。

(3) 送丝机

送丝机一般安装在机器人的腰座上,以保持送丝的稳定性。

(4) 管线包

管线包的作用是将惰性气体和冷却水送到焊枪处,管线包的设计要求与点焊机器人相匹配。有些焊接机器人将第 6 关节与焊枪一体化设计,管线包内置在机器人小臂里,降低了维护成本,见图 4.30。

(5) 焊接电源

焊接电源一般靠近机器人放置。焊接电源的控制集成到了机器人控制器中,以实现最佳焊接参数的选择,从而适应各种焊缝的类型、焊丝伸出长度以及移动速度。这些工艺参数通常编制成工艺表,由机器人程序调用。

(6) 焊枪维护系统

焊枪维护系统包括焊枪自动清理器(见图 4.31)和焊枪偏差传感器。**焊枪自动清理器**由清理焊枪内部的镂铣装置和喷油装置(减少焊渣黏着)组成,主要作用是清理焊枪口上的金属渣,修剪残丝,建立新的焊丝切口,以保证焊接的质量。**焊枪偏差**一般由碰撞、焊丝粘接(在焊接结束后焊丝依然黏着在熔池中)等引起,可以用传感器检查焊枪偏差,并通过机器人自动修正。

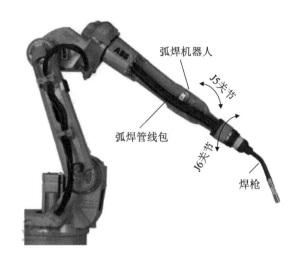 

图 4.30　关节与焊枪一体化的弧焊机器人(来源:ABB 机器人)　　图 4.31　焊枪自动清理器

3．工艺要求

弧焊机器人的工艺要求比较复杂。弧焊机器人执行连续运动轨迹(CP 控制),此外,焊枪姿态、焊接参数都要随运动轨迹实时变化。对于一些特殊焊缝(轨迹),比如较大的焊缝,需要采用不同形式的**摆动焊**,可以通过机器人编程实现焊枪的摆动。此外,机器人还应具有接触寻位、自动寻找焊缝起始点、电弧跟踪、自动再引弧等功能。

对于同一工件的批量焊接,**工件拼装和定位的重复性**很重要,尤其是大型工件。可以采用视觉或触觉技术确定焊缝的特征,进而确定焊缝的位置。具体原理和方法可参阅有关文献。

4．焊缝跟踪

焊缝跟踪应用于弧焊。在电弧摆动焊接过程中,焊接电流会随着焊丝与工件的距离变化而变化,**焊缝跟踪技术**是通过监视焊接电流,使焊枪、电弧或熔池的中心位置与接缝的中心位置相吻合的跟踪与控制技术。焊缝跟踪传感器(通常是线激光传感器)常安装在焊枪上,视觉传感器(相机)被安装在焊枪的前面,激光头距离焊缝约 25 mm,对准焊缝。由激光产生的红外线提供照明,安装在相机前的滤光器滤除激光波长之外的其他所有光线,以使相机"看见"焊缝。以电弧(焊枪)相对于焊缝中心位置的偏差作为控制量,将该控制量传给机器人运动控制器,使焊枪在焊接过程中始终与焊缝对口。常用的传感器是电弧传感器(见图 4.32),还有接触传感器、超声波传感器、激光跟踪传感器(见图 4.33)等。

5．周边配套设备及工艺要求

(1) 固定工作台

最简单的弧焊系统包括机器人和焊接工作包(焊接工具和配套设备)以及两个工作台。每个工作台上有若干个夹具,用来固定工件。当机器人在一个工作台上焊接时,操作人员可以在另一个工作台上拆卸成品件、安装待焊件。如果机器人焊接时间大于上下工件操作的时间,那么机器人就可以连续工作。

图 4.32 电弧传感器

图 4.33 焊缝跟踪传感器

(来源:卡诺普机器人)

(2) 手动转台

采用一个手动转台来代替两个固定的工作台。这种方案可以减少操作人员在工作台间的移动,也可以简化安全防护工作,降低机器人对焊接位置可达性的要求。转台朝向机器人的一侧是完全敞开的。手动转台适用于每次加工的零件都相同的场景,这样转台两侧的夹具相同,操作人员可以在同一个位置安装待焊件、拆卸成品件。如果生产的零件不同,则适合采用固定工作台,因其可以提供两个不同的工位,减少工作台附近的拥挤,避免不同零件发生混淆。可以由机器人实现在两个固定工作台之间的快速转换,而且转换时间较短。

(3) 电动转台

转台自动转动,适合于零件体积大、质量重的零件。电动转台同样可降低机器人对焊接位置可达性的要求,但是由于电动转台需要防护,因此对防护要求较高,同时也增大了工作单元的占用空间。

固定工作台、人工转台、电动转台三者各有利弊,应根据实际情况来选择。

(4) 焊件翻转

由于弧焊作业对焊枪姿态有各种要求,一般应使焊枪位于最佳作业角度,尤其要避免仰焊,因此必须要考虑焊接过程中工件的翻转问题。可以采用变位机来改变作业角度,而不是提高机器人的灵活性。还可以采用分步流程来实现不同位置和姿态的焊接,在步骤转换时,操作人员可以在未作业工位安装待焊件、拆卸成品件。

(5) 变位机

通常一条焊缝要求一次焊接完成,避免多个起弧点和灭弧点,因此对复杂形状的工件(如管件和箱体)进行焊接时,姿态调整能力尤为重要。如果在焊接过程中需要调整工件姿态或者工件较重且姿态调整频繁,则可以采用变位机。

变位机与机器人可以分别运动,也可以联动。变位机与机器人联动时,焊枪(机器人)相对于工件的运动既能满足焊缝轨迹要求,又能满足焊接速度和焊枪姿态的要求,这时变位机已成为机器人的组成部分。

单轴变位机由伺服驱动的头架和尾座组成(见图 4.34(a)),夹具放置在头架和尾座之间,通过机器人程序控制变位机转动,使夹具带动工件旋转。

应根据工件的尺寸和重量以及变位机的承载能力、最大回转直径和最大长度对变位机进行选型。承载能力需包括工件质量和夹具质量,最大回转直径必须要大于工件与夹具组装后

 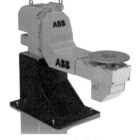 

(a) 单轴变位机　　　　　　(b) 双轴变位机　　　　　(c) H型双工位变位机

图 4.34　焊接变位机(来源:ABB 机器人)

整体的回转直径。

单轴变位机往往成对使用,放在机器人的两侧,机器人在一侧焊接,操作人员在另一侧装卸工件。这种布局可以减少工件装卸时输送通道的拥挤,但需要操作人员同时对两个工位进行操作,会增加操作人员的走动距离。同时,这种布局使操作人员容易受到电弧光的伤害,因此对防护要求较高。

另一种方法是将两个变位机并排放置,这样可以简化防护要求,但是要求机器人安装在伺服驱动的轨道上,并要保证机器人和变位机之间的可达性,因此会增加成本。这种布局适用于长度较大的工件。

图 4.34(b)所示为双轴变位机,实际上,是将单轴变位机安装在一个转台上。变位机的选择除了与单轴变位机的要求相同外,同时还要考虑转台的回转半径,确保机器人不与变位机和工件干涉。所以,这种变位机对机器人的工作半径要求较大,只适合待焊件尺寸较小的工件。机器人还可以悬挂在变位机的上方,但机器人维修保养的难度较大。

图 4.34(c)所示为 H 型变位机,这种变位机也是由两个单轴变位机组成的。与双轴变位机不同的是,这种变位机是绕水平轴旋转,因此机器人可以靠近焊接工位。焊件长度不受回转半径的限制,因此这种变位机可适用于较长的工件。变位机中间可安装防护网,保护操作人员不受电弧光的伤害。

还可以将两个两轴变位机安装在一个转台的两侧,就组成了四轴变位机系统。

如果使用一台机器人不能满足生产率和周期的要求,也可以在一个工作单元中使用两台机器人。两台机器人可以覆盖更大的工作范围,不需要外加导轨,而且两台机器人的总成本也会明显低于两个独立的工作单元的成本。但这种方案需要平衡两台机器人之间的工作量,确保焊接单元的生产效率最高。

(6)夹　具

夹具设计既要按照机械设计、机械制造工艺和夹具设计等课程规定的要求之外,又要考虑与机器人和变位机的关系。

(7)被焊件装拆

如果工件很重,可能会需要叉车或桥式起重机搬运,因此需要考虑被焊件上下料时的操作空间。对于很重的工件,上下料时会影响变位机的受力平衡或产生振动,可能会影响焊接工位的焊接质量,因此有时只能选择单工位变位机。

(8)输　送

机器人工作单元一般是机器人、固定工作台、转台和变位机组合的系统。通常一个系统最少需要两个工位,如果需要经常更换夹具,则需要的工位数更多。在机器人工作单元内,要考虑工件变换工位或上下料时的输送通道和操作的空间。还要考虑防护问题,保证操作人员在更换夹具时不受其他工位操作的影响。

（9）焊接设备

确定了机器人焊接单元的基本布局之后,就可以进行机器人、变位机以及焊接工艺设备的选型了。需要注意以下几点:

① 应选择满足任务要求的焊接工艺包。主要应考虑焊接设备的重量,如双丝焊接较单丝焊接需要更重的焊枪,因此双丝焊接需要承载能力较大的机器人。

② 机器人的工作空间与工件形状尺寸、工件排布方式以及变位机的选型有关。

③ 机器人应优先选择地面安装,如果需要悬挂安装,要注意机器人的选型。

④ 确定焊接电源、送丝机以及配套设备的位置。

⑤ 激光焊接设计方案(参见 4.2.4 节)的要求与弧焊大体相同,应考虑激光的安全防护问题。

4.2.4 激光焊接机器人

1. 工作原理

激光辐射加热工件表面,表面热量通过热传导向内部扩散,控制激光脉冲的宽度、能量、峰值功率和重复频率等参数,使工件熔化,形成特定的熔池。

2. 激光焊接的特点

速度快,熔深比大,变形小,热影响区小,无污染,焊接质量高。不受电磁场影响,能透过透明材料焊接。能对难熔(钛、石英)、异性材料(铜和钽)进行焊接。聚焦后可获得很小的光斑,能精密定位,进行精密焊接(如集成电路引线、钟表游丝等)。但是激光加工要求工件拼装必须精确,激光传输需要专用的机器人激光管线包,加工时需要在不透光的封闭环境中,因此激光焊接机器人的成本较高。

3. 系统组成

激光焊接机器人系统主要由机器人、控制器、激光焊接工艺系统和周边设备组成,如图 4.35 所

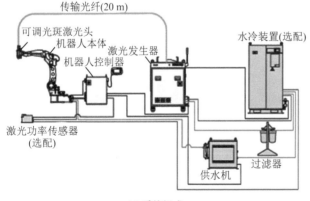

(a) 系统组成

(b) 汽车消音器激光焊接系统

图 4.35　激光焊接机器人(来源:唐山松下机器人)

示。激光焊接工艺系统一般由激光焊枪(见图 4.36)或激光加工头(见图 4.37)、激光发生器、传输光纤、冷却水循环装置、过滤器、供水机和激光功率传感器、送丝机等组成,如图 4.35(a)所示。

图 4.36　激光焊枪(来源:唐山松下机器人)　　　图 4.37　激光加工头(来源:唐山松下机器人)

激光发生器能够将电能转化为光能,产生激光束,主要有 CO_2 气体激光发生器、YAG 固体激光发生器、半导体激光器。CO_2 气体激光发生器功率大,主要用于深熔焊接;YAG 固体激光发生器在汽车领域应用较广。激光发生器(激光加工头)如图 4.37 所示,其运动轨迹和加工参数是由机器人控制器控制的。

周边设备包括安全保护装置、机器人固定平台、输送装置和工件固定装置等。

在实际应用中,有时会采用激光-电弧复合焊接工艺。不同形式的激光热源(CO_2、YAG激光等)通过旁轴或同轴方式相结合,对工件同一点进行焊接。优点:熔深更大,焊接速度更快,焊接变形更小,焊接质量更好,见图 4.38。

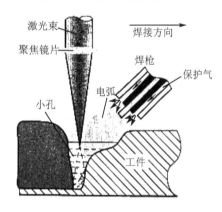

图 4.38　激光-电弧复合焊接原理

4.2.5　焊接机器人生产线

简单的焊接机器人生产线是把若干个工作站连接起来组成一条生产线,这种生产线仍然保持单站各自的特点,不能随意改变被焊件。

柔性焊接机器人生产线,也是由多个站组成,不同的是被焊件安装在统一形式的托盘上,托盘可与生产线上任何一个变位机相配合并自动夹紧。焊接机器人系统首先对托盘的编号或工件进行识别,然后自动执行相应的程序进行焊接,这样每个站无须做任何调整就可以焊接不同的工件。柔性生产线还可配备一台或多台轨道子母车,子母车可以自动取放工件。整条柔性生产线可由一台调度计算机对多个工作站进行协调控制。

➤ 焊接专机适合批量大、工艺简单、改型慢的产品;
➤ 焊接机器人工作站适合中小批量、工艺复杂的生产;
➤ 柔性焊接机器人生产线适合多品种、小批量的情况。

4.2.6　焊接机器人应用技术的发展

机器人焊接作业的优点是重复性好,质量稳定性高,缺点是对外界环境变化和工艺波动适应性差。当前焊接机器人的发展方向主要是自主适应性和智能化水平。

焊缝自动跟踪。在机器人上安装如视觉、电流、电弧、力觉等传感器,使机器人能根据工件和环境的变化,自动识别任意非结构环境下的焊缝,自动调整焊枪姿态和焊接参数,实时跟踪和修正焊接路径,自主进行路径规划和编程——在线自主编程,如图 4.39 所示。

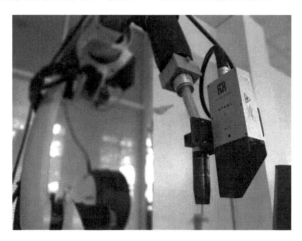

图 4.39　弧焊机器人的焊缝跟踪(来源:睿牛机器人)

适用于机器人焊接的新工艺,如精密电流波形控制、新型复合热源、激光等离子同轴复合焊接、旁弧热丝等离子弧焊等。

多机器人协作的丝材容积增材/等材/减材的融合三维制造技术。

开发功能更多、更强的机器人离线编程软件。该软件不仅能够缩短编程时间,实现多机器人协同焊接,而且还有利于机器人与制造信息系统集成,成为智能工厂和数字化车间(MES)转型升级的基础。

人机共融焊接。共融:零件→环境→人和其他机器人。基于机器学习的智能推理,对人和机器指令的权重进行协调,进行焊接。要点:人机互动→人机协同→人机融合。

4.3　机器人加工和材料去除

4.3.1　概　述

机器人加工与数控机床加工相比,系统结构完全不同,如图 4.40 所示。机器人具有柔性高、灵活轻便,设备成本低、工作空间大等特点。但是由于一般工业机器人的刚度和运动精度较低,因此仅适用于没有定位精度要求或定位精度要求不高的搬运、焊接、喷涂等作业,不适用于高精度的机械加工。然而数控机床(CNC)加工往往难以适应大型复杂结构件的柔性加工需求,且存在设备一次性投入成本较高和灵活性较差等问题,因此机器人切削加工可以作为传统数控加工的补充手段。对于一些定位精度要求不高的大型复杂构件的粗加工或柔性加工,通过各种精度补偿方法,目前已有一些机器人技术成功地应用于若干机械加工作业中。

机器人加工与数控机床加工的主要参数对比见表 4.2。

(a) 5轴加工中心

(b) 机器人加工系统

图 4.40　机器人加工系统与 CNC 系统

表 4.2　机器人切削加工系统与数控机床的主要参数对比

项　　目	刚度/(N·μm^{-1})	精度/mm	工作空间/mm	成本/万元
5轴数控机床	100	0.005	995×800×500	200
机器人切削加工系统	1	0.15	最大回转半径为 1930	60

目前应用于机器人切削和材料去除作业的有磨削抛光、铣削、镗削、钻削和切割等,其中应用最多、技术较为成熟的是磨削抛光加工。

4.3.2　研究和应用现状

目前国际上研究机器人应用于制造加工的机构主要集中在欧洲和美国,包括美国 ABB 研究中心、KUKA 机器人公司、英国谢菲尔德大学的 AMRC 先进制造研究中心(见图 4.41)、德国 Fraunhofer 的生产技术和应用材料研究所(IFAM)(见图 4.42)、德国宇航中心(见图 4.43)、斯图加特大学的欧盟 COMET 计划、波音公司、空客公司、美国 NASA 的 Langley 研究中心、加拿大魁北克水电研究所(见图 4.44)、英国诺丁汉大学(见图 4.45)等。

高精度机器人　　末端组合加工设备

图 4.41　AMRC 与波音公司联合研发的机器人组合钻铆系统

图 4.42　IFAM 研究所的移动机器人加工系统

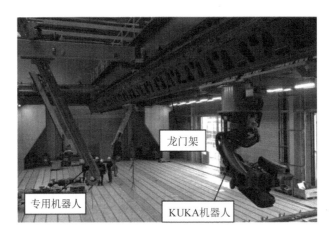

图 4.43　德国宇航中心的 MFZ 柔性制造单元

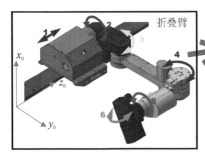

图 4.44　加拿大魁北克水电研究所研制的叶片修理机器人

　　目前国内从事机器人加工技术研究的单位主要有哈尔滨工业大学(见图 4.46)、浙江大学(见图 4.47)、华中科技大学、北京航空航天大学、东北大学、吉林大学、燕山大学、中科院沈阳自动化研究所、中科院宁波材料所、南京理工大学(见图 4.48)等机构。

　　有学者指出,机器人加工可能会给制造业带来一次革命。

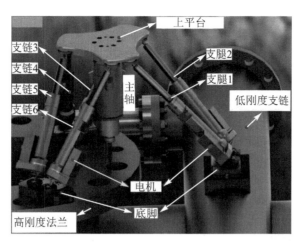

图 4.45　英国诺丁汉大学研制的便携式 6 足加工机器人

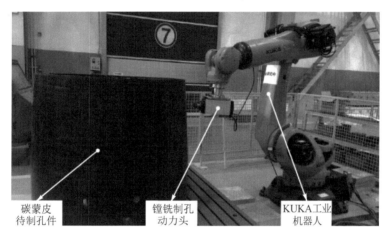

图 4.46　哈尔滨工业大学研制的碳纤维蒙皮结构件机器人制孔系统

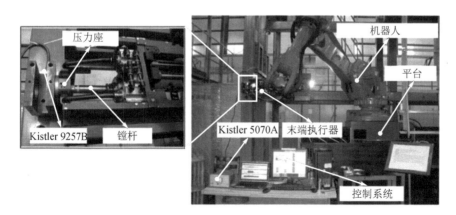

图 4.47　浙江大学研发的机器人钻孔、镗孔系统

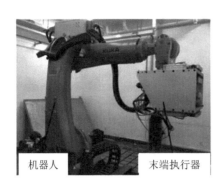

图 4.48　南京理工大学大学研发的机器人超声钻削系统

4.3.3　机器人切削加工工艺

机器人切削加工的典型应用是以 6 轴工业机器人为主体,末端夹持高速电主轴的机器人加工系统,如图 4.40(b)所示。主要的机器人切削加工工艺有以下 5 种。

1．磨削抛光

磨削是施加一定的压力使工件与磨削工具接触,可以通过更换不同粗糙度的磨削工具以适应工件表面加工质量的要求。机器人磨削通常采用砂带或砂轮作为磨削工具,一般能够明显地去除一定厚度的材料。

抛光的目的是使工件达到最终粗糙度,几乎不去除材料。要求机器人夹持布轮或其他柔性工件,并施加一定正压力和较高的抛光速度。

2．铣削、镗削、钻削

一般使用气动或电动的工具夹持刀具(铣刀、镗刀、钻头等)。电动工具通常较重,这需要机器人具有更高的承载能力(包括静态和动态力)。重要的是为铣削、镗削、钻削加工选择正确的刀具。

3．水切割

水切割是一种洁净的切削方式,尤其是对于铸造件或注塑件。机器人可以进行一般切削机床难以实现的空间曲线切削。由于水切割环境湿度大,因此对机器人的防水、防潮性能要求较高,或者对机器人进行防水防护。应考虑切削过程中水的补给。切割头供水管在高压下工作,需要采用高压软管。水管应为大半径弯管,既保证切割头在三维方向旋转,又能避免缠绕。水切割头一般安装在机器人末端,应考虑水切割管线包的布局和安装方式。

4．盘锯切割

机器人夹持盘锯,一般用于去除铝合金压铸件的浇铸口。

5．去毛刺

与磨削作业相似,一般采用气动或电动工具夹持柔性去毛刺工具。通过机器人或被动柔顺末端执行器对打磨头进行力控制,见图 4.49。

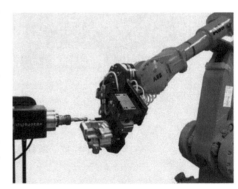

图 4.49　机器人去毛刺

4.3.4　机器人切削加工系统的设计和应用

本节主要介绍目前相对比较成熟的机器人磨削抛光系统和机器人铣削系统。

1. 机器人磨削抛光

（1）用　途

机器人磨削抛光主要应用于工件的氧化皮打磨、焊缝打磨、去毛刺、抛光等。广泛用于水暖卫浴五金件、3C、IT、汽车零部件、医疗器械、建材家居和铸造等行业的打磨抛光加工，如图4.50所示。

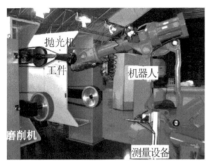

(a) 工件主动式

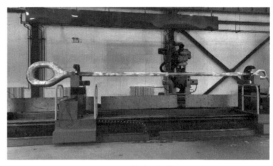
(b) 工具主动式

图 4.50　磨削机器人系统分类

（2）优　点

提高加工质量和一致性，作业效率高，改善劳动环境和环境污染，降低劳动强度。

（3）结构形式

一般采用6轴关节式机器人。对于大型工件的加工，如风电叶片、石油钻机吊环、磨矿机衬板、大型工程机械部件等，可增加外部轴以增加机器人的工作范围或自由度。

（4）夹持方式

机器人是夹持工件还是工具，取决于待加工件的重量、工件的喂送方式和加工过程的操作路径。

根据末端执行器形式的不同，分为工件主动式（见图4.50（a））和工具主动式（见图4.50（b））两大类。

工件主动式——如果工件质量较轻，且在加工过程中需要频繁调整工件姿态，可以选用这种夹持方式。同时机器人还可以方便地进行工件的上下料，这有助于降低系统的成本。磨削机和抛光机（一般为多台）相对机器人底座固定，见图4.50（a）。这种形式往往适用于小型复杂工件的磨抛加工，比如航空叶片、五金件、智能穿戴装备等。

工具主动式——机器人夹持工具，用于加工大型或重型工件，见图4.50（b）。工具的体积、质量和功率受限于机器人末端的承载能力，一般工具尺寸小，消耗快，更换频繁，可通过工具快换装置实现工具更换。对于小曲率的外表面和内部表面的工件，可使用这种方式夹持旋转锉或铣刀等工具加工。

（5）系统组成

磨抛机器人系统主要由机器人、控制器、示教器、工具快换装置、打磨抛光工具、测量系统、工件装夹子系统等组成。

一般磨抛机器人作业系统包括：

① 机器人夹持工件：机器人、磨削机、抛光机、尺寸测量装置等。

② 机器人夹持工具：机器人、打磨抛光动力头、工具快换装置等。

③ 打磨抛光动力头（电主轴），见图 4.51。图 4.51(a)所示为回转式动力头，其安装方式如下：一般动力头的轴线与机器人末端关节轴线垂直，垂直安装可增加打磨工具运动的灵活性。如果动力头轴线与末端关节轴线重合，则末端关节的旋转运动不能改变打磨工具的姿态，相当于减少了机器人的自由度。图 4.51(b)所示为三角砂带式动力头，砂带作为磨削工具，动力头带动砂带高速运动，同时提供给砂带合适的张紧力。常用于大型工件表面的磨削抛光加工。通常在磨削轮（接触轮）与工件接触的位置进行磨削加工，接触轮具有一定的硬度，材料去除效率较高，也可采用砂带的自由边进行弹性抛光，以提高工件的表面光洁度和平滑性。砂带磨削具有高效、产生切削热少和柔性三大优点。

注意：在进行机器人承载能力的选择时应考虑切削力。

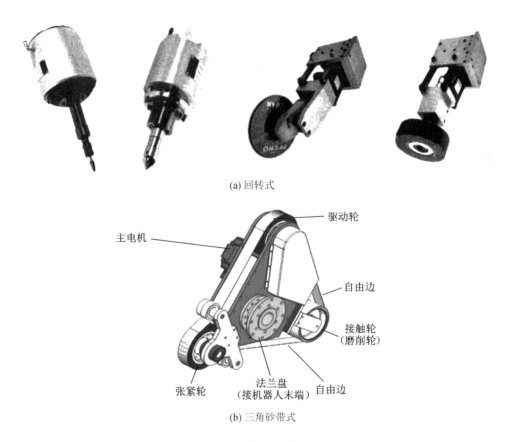

(a) 回转式

(b) 三角砂带式

图 4.51　打磨抛光动力头

④ 工具快换装置（接口）：见图 4.52，在装卸工件或多任务作业时，可根据任务要求通过末端执行器的标准接口自动快速更换工件或工具。

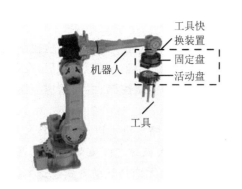

图 4.52　自动快换装置

（6）周边设备

周边设备包括机房、除尘系统、工具库和工件库以及相应的输送装置。

磨削抛光加工中会产生大量的粉尘，需要采用机房和除尘系统对环境进行防护，有时也需要对机器人进行防护。同时还要考虑便于进行废弃材料的清理。

（7）打磨方式

刚性打磨——工具与工件刚性接触，工件被精确定位，机器人沿着确定路径移动刀具，刀具不具有柔性。例如，发动机缸体在完成机械加工后去除加工表面或者孔口飞边的打磨作业。但这种方式在加工时容易使工件尺寸的公差或定位误差超差造成废品，甚至损坏设备。

柔性打磨——工具与工件存在弹性接触或法向浮动接触，能够消除不确定因素引起的冲击，增加接触面积，减少刚性打磨的弊端。应用中一般采用这种打磨模式。以铸件打磨为例，图 4.53 所示为船用螺旋桨磨削和铣削。机器人打磨主要是消除铸件的不均匀、不确定的变形量和铸造缺陷等。这往往需要一些智能化处理方式，比如采用视觉系统识别铸件几何尺寸、缺陷的实际位置和缺陷类型等。

刀具磨损——机器人磨削需要考虑刀具磨损，如砂轮、砂带等的磨损。一般方法是定期更换刀具或者应用刀具磨损检查装置监测刀具。

图 4.53　船用螺旋桨的磨削（来源：ABB 机器人）

（8）控制和编程

① 控　制

为了控制打磨抛光质量，往往需要较为精确地控制接触力。打磨抛光一般采用顺应控制。顺应控制（也称为依从控制、柔顺控制）是机器人末端执行器（工具）与环境（工件）接触后，在环境约束下的控制问题，见图4.54。通常可采用力/位混合控制、被动柔顺控制、主动顺应控制、阻抗控制等方法。

柔顺控制一般通过气动方式实现，这是因为气体受力后可以压缩。也可以通过机器人系统的力控制软件实现柔性控制。机器人力控制需要在工具和机器人腕部之间安装力传感器，将工具与工件的接触力反馈到机器人控制系统对机器人进行控制。无论是气动方式还是力控制软件，均需要通过大量实验和示教才能达到工件表面质量的要求。

需要指出的是，通用工业机器人一般不开放控制器接口，难以实现上述控制方法。因此，在实际应用中，往往在机器人末端或磨削工具侧安装力传感器和外部力控制末端执行器（见图4.55），其能够根据工艺要求实时调节接触力的大小。

图4.54　顺应控制（机器人打磨风电叶片）

图4.55　机器人力控制末端执行器

② 编　程

机器人磨抛加工属于连续路径的接触作业。当工件的几何特征较为复杂时，磨抛机器人的运动路径也较为复杂，采用示教编程方法生成机器人运动程序往往费时费力。为了提高编程效率，往往采用离线编程方法，见6.2节。

（9）系统示例

某大型锻件机器人打磨加工系统如图4.56所示，整套系统主要由机器人磨削/铣削/检测复合单元、工件夹具单元、除尘系统以及其他辅助部件所组成。机器人磨削/铣削/检测复合单元可以通过工具快换装置按照工艺要求更换末端执行器，以实现工件外形磨削/铣削/检测三种功能。当两台机器人同时工作时，可以提高加工效率。当一台机器人出现故障时，另一台机器人可以独立实现磨削/铣削/检测三种功能。

2. 机器人铣削

利用工业机器人实施铣削加工是最近几年发展起来的新兴应用领域。在航空航天等领域，大型零部件一直存在铣削加工困难的问题。传统的数控机床难以实现对大型结构件，如航天器舱体的铣削加工。另外，数控机床存在一次性投入成本高、灵活性差、工作空间受限等问题。

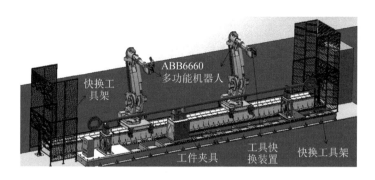

图 4.56　打磨机器人的系统组成

（1）技术特点

机器人铣削的优点主要包括工作空间大、安装空间小、柔性高、成本低等，因此非常适用于大型构件的铣削加工任务。

目前机器人铣削加工的技术还不完全成熟，限制机器人铣削应用的主要问题是机器人铣削系统的低精度、低刚度、易颤振、材料去除率低以及工艺参数依赖人工经验等。

图 4.57～图 4.61 所示为机器人铣削加工系统的应用实例。

图 4.57　IPT 研究所的机器人
模具铣削

图 4.58　土耳其萨班哲大学研制
的并联机器人铣削平台

图 4.59　英国 AMRC 研制的机器人
辅助铣削加工系统

图 4.60　华中科技大学研制的船用
铜合金螺旋桨机器人铣削系统

图 4.61　清华大学研制的机器人用于"天舟 6 号"货运飞船舱体加工

（2）系统组成

与磨抛机器人系统基本相同，见图 4.53 和图 4.54。不同的是，机器人铣削加工只能由机器人夹持工具进行作业。

（3）结构形式

与磨抛机器人系统基本相同，见图 4.53 和图 4.54。

（4）周边设备

与磨抛机器人系统基本相同。

（5）编程

与磨抛机器人系统基本相同。

（6）关键技术

机器人铣削技术涉及多方面的技术研究，包括机器人铣削机理与刀具磨损机理、机器人铣削加工动力学建模、基于机器视觉的在位测量与标定技术和机器人铣削装备集成应用技术等多个方面。

（7）系统示例

图 4.62 所示为机器人铣削加工系统示例。由于机器人铣削技术仍处于技术研究阶段，故在此给出了系统动态测试和实验的结果（见图 4.62(c)～(e)和表 4.3）。

(a) 机器人铣削硬件系统

图 4.62　北京航空航天大学研究的机器人铣削加工系统

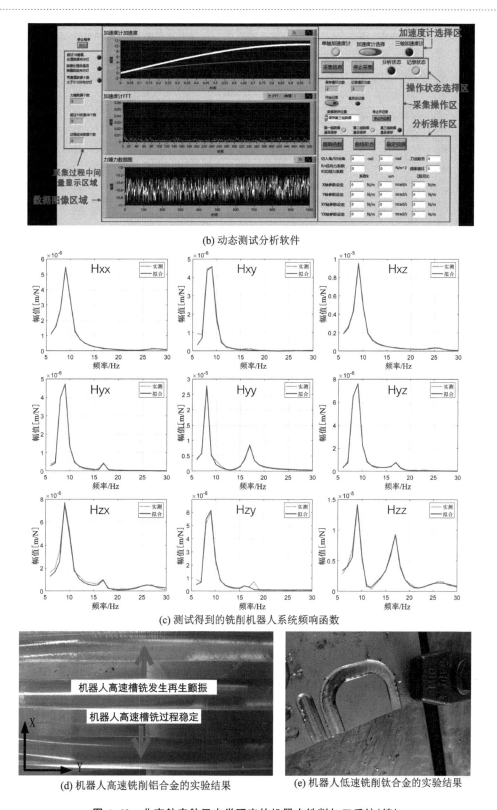

(b) 动态测试分析软件

(c) 测试得到的铣削机器人系统频响函数

(d) 机器人高速铣削铝合金的实验结果　　　　(e) 机器人低速铣削钛合金的实验结果

图 4.62　北京航空航天大学研究的机器人铣削加工系统(续)

表 4.3 图 4.62 所示的机器人铣削加工系统的模态参数拟合结果

阶 段	INV9832-50 三轴加速度计		OFV-503 激光测振仪	
	固有频率/Hz	阻尼比	固有频率/Hz	阻尼比
第一阶段	9.6651	2.5095%	9.6143	2.4096%
第二阶段	10.3414	2.2069%	10.3991	2.5973%
第三阶段	20.6899	2.4344%	20.6898	2.4153%
第四阶段	30.5012	4.4316%	30.5433	4.3254%
第五阶段	37.3276	3.5310%	37.3153	3.5630%

3. 设计和应用

下面介绍机器人磨削抛光和铣削系统方案设计和应用中的关键问题。

(1) 大型部件的原位加工

机器人由于自身的工作空间大,配合移动机器人底座可以获得更大的工作空间,因此可以实现对大型部件的在位加工(如图 4.63 所示),在大型客机的机身装配过程中需要对装配体端面进行修切处理,由于飞机机身处于固定工装位置,所以很难使用机床进行加工作业。机器人加工系统可以实现对固定工装位置的飞机装配体的在位加工。

图 4.63 大型部件的在位加工

(2) 机器人加工大型薄壁零件

大型薄壁零件刚度很低,受切削力的影响易发生工件变形及颤振。机器人柔性较大,可以采用多种方案进行薄壁零件的加工,如图 4.64(a) 所示;通过双臂协调,双机器人进行镜像运动,一个机器人进行加工,另一个机器人提供辅助支撑,避免薄壁零件受力过大发生变形。另外,机器人还可以适应薄壁零件的各种复杂工装,灵活地进行加工,如图 4.64(b) 所示。

(3) 机器人加工大型复杂曲面零件

通用工业机器人的价格远低于高档五轴加工中心,可以被用来加工一些精度要求不高的复杂曲面零件,可实现低成本的复杂曲面加工。图 4.65 所示为机器人低成本加工复杂曲面的案例,机器人被用于加工一种超导梯度线圈,这种线圈是用于产生梯度磁场的关键部件。线圈为玻纤复合材料,传统的线圈成型工艺是通过工人裱糊成型,对工人的技术水平要求很高,且效率低,精度难以保证。通过改变加工工艺,采用机器人在毛坯上铣削线槽工艺,大幅提高了线圈制造效率。

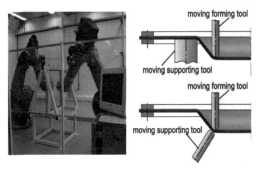
(a) 机器人双臂协调加工薄壁零件

(b) 采用柔性工装配合机器人进行加工

图 4.64　机器人加工大型薄壁零件

图 4.65　低成本加工复杂曲面的零件

（4）机器人标定、测量、加工一体化技术

机器人灵活性很高，可以夹持多种设备（加工工具、测量工具等），同时也可与外部的标定测量设备进行通信，完成标定、测量、加工一体化操作。图 4.66 所示为某型号飞机的口盖类零件的标定、测量、加工一体化柔性加工系统。

（5）工具和工艺方法

古语云："工欲善其事，必先利其器"。设计机器人加工的技术方案需要特别注意工具和工艺方法的选择，工具和工艺方法的选择甚至比机器人选型更加重要。

（6）防　护

机器人在进行切削加工时处于切削液、清洗液、切屑飞溅等环境中，因此应考虑机器人的防尘、防水和耐腐蚀等问题。

总之，通过上述技术的不断完善和成熟才能够充分发挥机器人切削加工的优势和特点，使其在未来切削加工领域拥有广阔的应用和发展前景。

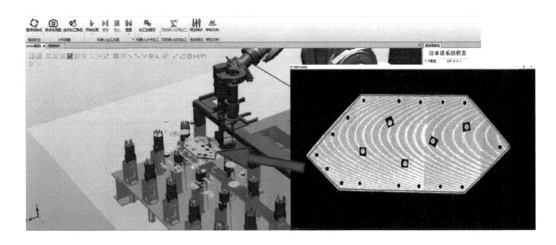

图 4.66　机器人标定、测量、加工一体化柔性加工系统

4.4　机器人喷涂

喷涂机器人作业是一种可进行自动喷漆或其他涂料的工业机器人。第一台喷涂机器人于1969年由挪威 TRALLFA 公司(后与 ABB 公司合并)发明。

4.4.1　机器人喷涂系统

机器人喷涂系统如图 4.67 所示。

图 4.67　喷涂机器人系统(来源:ABB 机器人)

机器人喷涂作业见图 4.68。

机器人系统的喷涂工艺有许多种类,包括溶剂喷涂、水基喷涂以及二元喷涂和粉末喷涂。每一种工艺都需要配套不同的工艺设备和输送设备。

1. 喷涂机器人

喷涂机器人与一般工业机器人的区别在于:①防爆设计,喷涂作业一般在易燃易爆环境,因此对机器人系统的防爆安全要求很高,且应符合国际/国家安全标准;②采用斜交/直线形非球型中空手腕结构,运动学特性优于正交球型手腕结构,管线可内藏于手腕中,防止管线缠绕和干涉,也可防止管路破裂造成的泄露污染和安全隐患;③净化装置可自动对机器人进行清理,以防爆和防污染。

100

机器人可以通过程序实现工艺控制,包括涂料流量、雾化空气压力、更换涂料颜色以及其他工艺参数。

商用喷涂机器人一般自带喷涂控制单元模块和喷涂软件。通过喷涂软件进行机器人喷涂作业轨迹规划,设置喷涂工艺参数,如涂料流量、雾化空气压力、扇幅空气压力等。多色种喷涂作业还需要机器人系统具有自动换色功能,在换色过程中,还需要对喷枪进行自动清洗和吹干。

图 4.68　机器人喷涂作业

2. 系统组成

与一般工业机器人基本相同,主要由操作臂、控制器、示教器、末端执行器、周边设备等组成,见图 4.69。液压驱动的喷涂机器人还包括液压站。

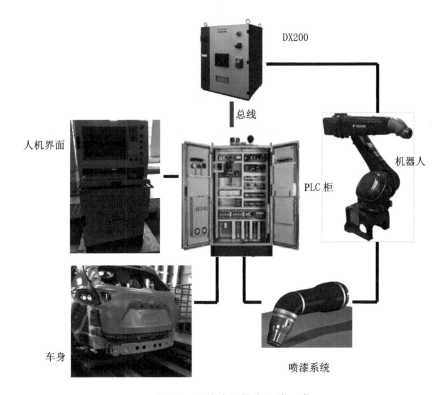

图 4.69　喷涂机器人系统组成

3. 机器人安装方式

安装方式有立装式(见图 4.70(a))、壁装式(见图 4.70(b))和倒装式(见图 4.70(c))。

4. 末端执行器——喷具(喷枪)

(1) 空气雾化喷枪

空气雾化喷枪见图 4.71,喷涂幅面较宽,空气用量大,雾化能力强,喷涂效率高。

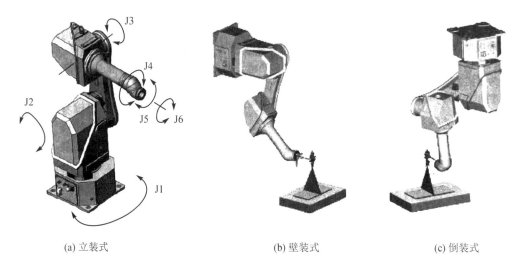

(a) 立装式   (b) 壁装式   (c) 倒装式

图 4.70　喷涂机器人安装方式

图 4.71　空气雾化喷枪

（2）静电喷枪

静电喷枪喷涂回路见图 4.72，被涂物须具有一定的导电性能。

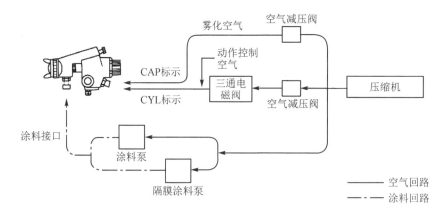

图 4.72　静电喷涂回路

（3）旋杯喷枪

旋杯喷枪见图 4.73，静电旋杯转速通过调节气压控制，喷涂幅面通过成形气压控制。

前两种喷枪的油漆或涂料利用率不到 60%，最后一种喷枪的利用率在 80% 左右。

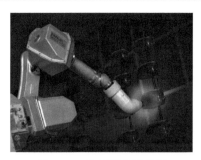

图 4.73　旋杯喷枪示意图

5. 主要工艺指标

➤ 喷涂厚度，一般为 $10\sim12~\mu m$；
➤ 喷枪移动速度，一般为 $600\sim1~000~mm/s$；
➤ 扇面喷幅宽度；
➤ 重复喷涂次数与喷涂轨迹。

4.4.2　机器人喷涂的特点

1. 主要特点

➤ 速度和精度要求不高；
➤ 一般为 6 自由度机器人；
➤ 在一些防爆要求较高的场合，机器人采用液压驱动而不是电机驱动。

2. 主要优点

➤ 喷涂膜厚均匀一致，质量稳定，可减少复杂形状的过喷；
➤ 节约涂料；
➤ 在易燃、易爆、有毒气体、粉尘影响严重的场合取代人工作业。

4.4.3　主要应用领域

➤ 汽车整车及零部件、家电、家具、陶瓷制品等的自动喷涂作业；
➤ 铸型涂料、耐火饰面材料和高层建筑墙壁的喷涂；
➤ 涂胶、船舶保护层涂覆等。

4.4.4　机器人自动喷涂线

1. 通用型机器人自动线

通用型机器人自动喷涂线结构见图 4.74，适合复杂型面的喷涂作业。

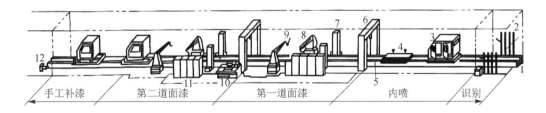

1—输送链；2—识别器；3—喷涂对象；4—运输车；5—启动装置；6—顶喷机；7—侧喷机；
8—喷涂机器人；9—喷枪；10—控制台；11—控制柜；12—同步器

图 4.74　通用型机器人自动喷涂线结构

2. 机器人与喷涂机结合

机器人与喷涂机结合（见图 4.75）主要用于大型箱体（汽车驾驶室、火车车厢等）的喷涂。其中，机器人用于喷涂圆弧面和复杂型面，喷涂机用于喷涂平面部分。

3. 仿形机器人自动线

仿形机器人自动线见图 4.76,可采用简化的通用型机器人,有机械仿形、伺服仿形两种。

图 4.75　机器人与喷涂机自动线　　　　图 4.76　仿形机器人自动线

4. 组合式自动线

组合式自动线见图 4.77,被涂件外表面用仿形机器人喷涂,被涂件内表面用通用型机器人喷涂。

图 4.77　组合式自动线

4.4.5　机器人喷涂系统设计

机器人喷涂系统总体方案设计的关键在于是工件移动还是机器人移动。通常的方案是采用机器人抓持喷涂装置对工件进行操作。工件放置在连续运动或者间歇运动的传送带上,机器人跟踪流水线上的工件,还可以采用移动轨道增加机器人的跟踪距离。有时采用简单的移载装置将工件送至喷涂室进行喷涂。

机器人的选型主要取决于待加工件的尺寸和形状。

喷涂是一种比较特殊的操作,需要专门的工艺知识,确保机器人喷涂工艺包、工艺设备等的正确选型。以下为某机器人喷涂车身生产线的方案设计。

1. 需求分析

(1)工件信息

最大工件尺寸 $\phi350$ mm×300 mm。

（2）输送线节拍

工件输送方式:连续挂链输送,链速 0.4 m/min,节拍 2 min/个,节距 800 mm。输送线为连续运行形式,喷涂时输送线不停止,机器人采用同步追踪的形式进行喷涂。机器人喷涂系统的平面布局如图 4.78 所示。

（3）项目基本要求

2 台 MPX1950 喷涂机器人,每台配置 1 套自动喷涂系统、1 套供漆系统、1 套自动混合系统。

涂料种类:2K 溶剂型涂料,混合方式为自动混合。

底漆和面漆喷涂的混合比例为色漆:固化剂:溶剂＝1:1:1。

喷涂工具为静电旋杯。

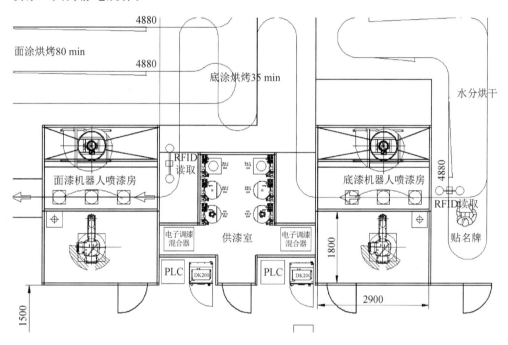

图 4.78　平面布局图

2. 系统组成

系统组成见表 4.4。

表 4.4　系统组成

序　号	设　备	详细内容	数　量
1	机器人	MPX1950 机器人本体 DX200 机器人控制柜 机器人与机器人控制柜间专用电缆 标准示教器 机器人安装板 Profinet 模块 同步功能 变压器（国产）	2 套

序 号	设 备	详细内容	数 量
2	喷涂设备	PPH707 SB1K 旋杯 钛合金杯头 高电压发生器$(0\sim10)\times10^4$ V 闭环转速控制 成型空气闭环控制 杯口内、外部清洗装置	2套
3	换色阀组及附件	安装在机器人手臂上,主要包括: 3色换色阀 2色换色阀 空气溶剂清洗阀	各2套
4	涂料计量控制系统	安装在机器人手臂上 计量齿轮泵 压力传感器 伺服电机、减速机、联轴器等	4套
5	电控系统	PLC 控制柜	2套
6	设备附件	机械附件、管线部件、喷枪支架	2套
7	气控组件	气控箱	2套
8	线缆附件	—	1套
9	同步编码器	—	1套

(1) 喷涂机器人选型

针对该喷涂任务,选择安川公司的 MPX1950 型防爆机器人(见图 4.79),同时配备新型控制柜 DX200,该控制柜节省安装空间,强化安全功能,维护便利。主要技术参数如表 4.5所列。

(2) 溶剂型静电旋杯

PPH707 SB 1k 型静电旋杯见图 4.80。

旋杯清洗盒广泛应用于旋杯外部和杯头的清洁。当旋杯进入清洗装置时,通过高压喷涂清洗去除表面的污垢。此清洗功能可有效避免因为旋杯本体污垢导致的喷涂缺陷,见图 4.81。

(3) 涂料控制设备

喷涂流量是通过由伺服电机驱动的高精度齿轮泵控制(防爆电机),见图 4.82。齿轮泵用来输送有高电阻的金属涂料或者高固体份、高水分的涂料。齿轮泵出入口安装压力传感器进行安全检测,当压力超出设定值时,系统打开排料阀进行卸压,同时输出报警信息。齿轮泵具有轴清洗功能,使得换色清洗过程中能够有效地去除残留在轴孔内的油漆粒子。

图 4.79 喷涂机器人

表4.5 喷涂机器人技术参数

动作形态		垂直多关节
自由度		6
可搬质量		7 kg
重复精度		±0.15 mm
动作范围	S轴	−170°~+170° −90°~+90°
	L轴	−100°~+140°
	U轴	−62°~+235°
	R轴	−200°~+200°
	B轴	−150°~+150°
	T轴	−400°~+400°
最大速度		1.5 m/s
最大速度	S轴	3.14 rad/s,180(°)/s
	L轴	3.14 rad/s,180(°)/s
	U轴	3.14 rad/s,180(°)/s
	R轴	6.28 rad/s,360(°)/s
	B轴	6.98 rad/s,400(°)/s
	T轴	8.73 rad/s,500(°)/s
本体质量		265 kg
安全标准		本体:IP4X;手部:IP65
电源容量		1.75 kV·A以下
控制柜		DX200

图 4.80 静电旋杯

图 4.81 旋杯清洗机

图 4.82 齿轮泵

喷涂机器人换色是通过换色阀组实现的,换色阀组安装在机器人的大臂内,靠近机器人的雾化器。换色阀组是由换色块组成的,每一个换色块可转换2种颜色,可根据现场需要来增减换色块数目,每种颜色的涂料通过单独的供漆管路连接到换色块上。换色阀适用于水溶性涂料,符合环境要求,可耐受涂料中金属粉、珍珠粉、云母粉等的磨损。本项目选择的VCC换色阀如图4.83所示。

图4.83 VCC换色阀

(4)人员及设备的安全与防护

① 人员检测传感器——在喷房自动段的出口和入口分别安装光幕保护,在机器人喷涂过程中,一旦光栅被物体遮挡,系统便会自动触发急停信号,同时对输送系统进行互锁,使喷涂系统全部停止运行。

② 急停按钮和安全销——为了更有效地对操作人员进行保护,在喷房出入口的左右两侧、主控柜、操作柜、机器人控制柜和机器人示教盒上均配有急停按钮。另外,在操作柜上配有安全插销。操作人员进入喷房时,可将插销随身取下携带,可防止系统被人为误启动。

③ 碰撞保护——通过一定间隔安装的行程开关,可以在一定程度上检测输送线的滑撬是否产生滑移,并在产生滑移时及时报警,停止输送链运行,机器人停止工作。

④ 系统的连锁装置——系统与输送链、喷房给排气系统、消防系统等相互连锁。

⑤ 电源稳压保护(AVR)在喷涂机器人系统的电源接入处配备电源降压稳压装置(AVR),以实现对机器人系统及电气元件的保护。

⑥ 数据保护——系统数据采用Ghost备份;上位机配备UPS不间断电源。

3. 喷涂机器人控制系统

(1)硬件系统

自动喷涂系统控制柜应安装在方便操作和维护的位置。气控箱与控制柜一体化分隔安装,操作者在操作时可同时观察喷涂设备的状况。人机操作柜安装在喷房外最靠近设备的位置,操作人员可透过喷房玻璃清楚地观察到设备运行状况。

喷涂机器人系统自动完成对不同工件的喷涂,自动进行轨迹控制和喷漆参数控制,并根据设定要求自动进行换色、系统清洗、杯口清洗、填充等工艺动作。自动喷涂设备可以设定为模拟运行模式,在无工件和无油漆的状况下,完成自动喷涂的所有动作模拟。

机器人控制柜可对该机器人进行控制与操作及程序备份。每站配备一个控制台,可进行参数的设置与修改、工位状况显示、命令发出、资料统计、故障报警诊断等监控,并可切换手动/自动操作模式。系统设置包括清洗、维护模式、PLC 程序上载、系统参数报表打印。系统显示的更新时间小于 1 s。

备份硬盘及记忆卡能够备份及重载机器人控制器程序及参数。当排除控制系统故障后,其程序及参数应能恢复到正常的生产状态(包括操作系统、应用软件、喷漆参数、路径等)。

机器人及控制系统有断电记忆功能,一旦断电或系统非正常停止时,能自动记忆。复电后系统能自动复位或根据本系统的运行状态采取相应的动作,恢复到以前的工作状态。

(2)操作软件

喷涂机器人标准操作台包括人机界面软件,主显示界面可显示当前站状态、急停状态、指令状态、安全插销状态、车体位置、当前程序列表、颜色、车种以及当前作业信息和机器人状态。每种车身可以分为多个喷涂区域(可分割到 32 个区域),每个区域里的所有喷涂参数都可以根据不同要求进行改动。

喷漆线上的每台涂装机器人都可以自由编程,对油漆量、整形空气、转速、压力值和雾化装置等的参数在各喷漆曲面内相互独立进行调节。其参数可以根据车型、喷漆区域、油漆颜色、油漆生产商和雾化装置的不同进行独立调节。

喷涂机器人操作软件的主要功能界面设置如图 4.84 所示。

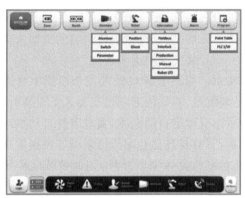

(a) 主菜单界面

(b) 登录管理界面

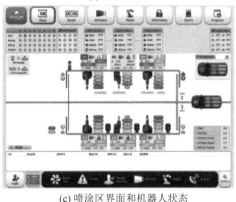

(c) 喷涂区界面和机器人状态

(d) 车身类型和颜色类型

图 4.84 喷涂机器人操作软件界面

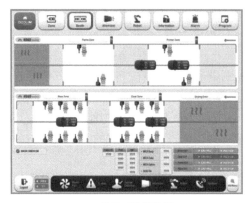 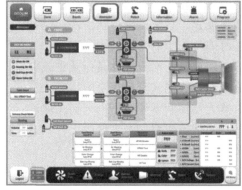

(e) 整体喷涂线监视　　　　　　　　(f) 雾化器界面

图 4.84　喷涂机器人操作软件界面(续)

4.5　装配机器人

机器人装配作业始于 20 世纪 80 年代；到 80 年代后期，出现了大量以家电产品、汽车零部件等大批量少品种为产品特点的机器人自动化装配线；到了 90 年代后期，用户需求的多样化和产品周期的缩短推动了多品种、小批量生产方式的发展，以大批量生产为目的机器人自动装配线逐渐减少，而满足中小批量生产规模的机器人单元装配系统逐步普及。

图 4.85 所示为机器人单元装配系统的应用实例。直角坐标机器人位于系统中央进行零件装配，前方为工件循环系统，循环系统的中央是装配站，右侧的高刚性机器人负责螺钉紧固、压合等作业，进行尺寸测量。直角坐标机器人的后面有微型自动仓库，实现零件自动供给和送出。在这个装配单元中，机器人可以更换手部工具，同时将自动仓库传送来的零件摆放在装配站的夹具上依次进行装配。承载和固定夹具的托盘在机器人周围循环，因此该装配单元被称为 CAC(Circular Assembly Cell，循环装配单元)。这种机器人单元生产系统属于多品种小批量生产系统，能按照产量决定系统规模和设备数量，提供多种解决方案。

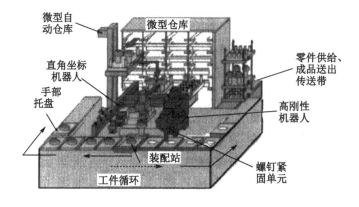

图 4.85　机器人自动装配线示意图

4.5.1 分类和系统组成

1. 分 类

与搬运机器人的结构形式基本相同,有水平关节型、直角坐标型、多关节型、混联型、并联型,但一般不需增加外部轴。

SCARA 型机器人是机器人装配行业应用最多的一种水平关节型机器人(见图 4.86)。

并联型机器人在机电、五金、玩具等产品装配中应用广泛(见图 4.87)。

2. 系统组成

与搬运机器人基本相同,主要由操作机、控制器、示教器、末端执行器、传感器和周边设备组成。

末端执行器除了包括夹持器和吸盘外,主要是各种装配工具、辅助定位装置等。

传感器主要用来获取装配机器人与环境和装配对象之间的相互作用信息,如接近觉传感器、力觉传感器、视觉传感器等。

周边设备主要有输送装置、随行夹具、自动喂料器、托盘或周转箱(往往带有自动更换机构)。

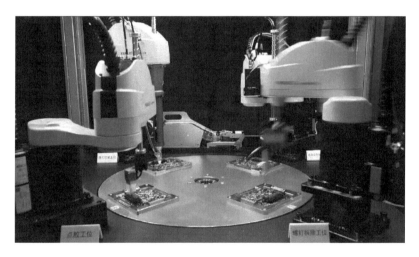

图 4.86 SCARA 装配机器人(来源:发那科机器人)

图 4.87 用于键盘的装配

4.5.2 特点和用途

1. 特 点

要求重复定位精度高,柔顺性好,加速性能好,占地面积小,通过更换末端执行器可进行多种形式的装配作业。

2. 优 点

➤ 充分发挥机器人移载、输送以及传感的功能,减少周边设备,提高系统的性能价格比;

➤ 可通过编程快速改变装配作业方式(柔顺性),而由专用设备组成的生产线是做不到的;

➤ 提高装配作业效率和装配精度。

3. 主要用途

汽车、家电、机电产品的组件或零部件的装配。

典型应用案例:发动机点火零件的机器人装配线。

该系统用于汽车发动机点火零件的中、小批量生产。零件的外观如图 4.88 所示,机器人生产线如图 4.89 所示。

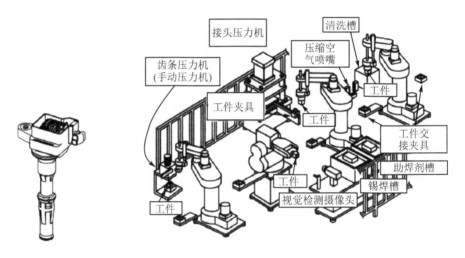

图 4.88　发动机点火部件　　　图 4.89　发动机点火零件的中、小批量装配线

本系统由清洗、接头压入、锡焊、视觉检查、外壳压入等多道工序组成,下面分别给予简要说明。

第一道工序为清洗。机器人从前一道工序的工件交接夹具中取出零件放入清洗槽内浸泡清洗,取出后再用压缩空气吹净零件上残留的切屑和清洗液。为了保证清洗效果,在机器人示教时,应该根据工件的形状选择最佳的浸泡部位和吹气方向。

第二道工序为接头压入。接头由压力机加工成形,机器人保持抓取零件的状态,同时推动零件夹具滑动,使零件压入接头。位置检测装置对接头的压入力、深度进行检测和控制。

第三道工序为锡焊。在嵌入后的工件接头上涂布助焊剂,进行锡焊。机器人抓取工件,将其浸泡在喷流槽中。为了获得高质量的锡焊,应该按照不同零件示教最佳浸泡条件。可采用摄像机从多个方向检查零件。

第四道工序为外壳压入。用齿条压力机将外壳压入零件，机器人具有位置和力控制检测功能，能够控制行程和压力，还能检测加压过程中的异常情况，随时中断压入作业。

该系统充分发挥了机器人的功能，零件输送不需要传送带，各工序的动作均由机器人完成，机器人检测和控制功能可适应各种零件的工艺要求（行程、压力等），可保证产品质量的一致性，提高系统的柔性。同时，提高了生产率和系统可靠性，降低了设备成本，提高了设备利用率，减少了车间占用空间，节省了人力，改善了作业环境。

4.5.3　关键技术

① 结构优化设计：选用轻质材料，提高负载/自重比，采用模块化和可重构设计，提高机器人的装配性和维护性。

② 采用直接驱动方式：减小关节惯量，可提高机器人的运动速度、精度和负载能力，如采用力矩电机。

③ 多传感器融合技术：可进一步提高装配机器人的智能性和适应性，其关键技术是传感器融合算法。

④ 并联机器人：与串联型机器人相比，其结构紧凑，速度高，精度高，且逆解容易，奇异位形少，因此适用于高速装配场合。参见第 5 章 5.1 节。

⑤ 协作机器人：采用多机器人协同操作和人机协同操作，可提高装配机器人的灵活性和柔性。参见第 5 章 5.2 节。

习　题

4－1　分别提出 2～3 种搬运任务，适用于 4 轴机器人、5 轴机器人或 6 轴机器人。

4－2　已知针对机床或压铸机供料任务，往往设计一种同时装夹两个工件的抓手，在一个位置喂送待加工件，在另一个位置卸下完成的加工件，采用这种抓手可以减少搬运机器人的往复运动，求：定量估算使用这种复合抓手比使用夹持单一工件的抓手缩短的循环时间（注：包括抓放运动时间）。

4－3　已知 4 轴码垛机器人常有保持末端矢量 a（参见图 4.13）朝下的平行四边形机构，画出该机构的运动简图。

4－4　调研并给出一个采用并联机器人完成装箱任务的案例资料。

4－5　调研并给出负载能力为 10～150 kg 的搬运机器人的主要性能指标。

4－6　在网络上检索视觉识别与定位工件的相关技术资料，绘制出视觉定位的原理图。

4－7　设计任务：设计一套能够下围棋的机器人系统，需要考虑机器人选型、工作空间、负载能力和抓手形式。

4－8　设计任务：设计一套机器人装箱系统，分两次把 20 条香烟装到纸箱中，需要考虑机器人选型、工作空间、负载能力、抓取形式和生产节拍。

4－9　调研三种不同材料、不同板厚的弧焊机器人的工艺参数，列出这些工艺参数并加以对比分析。

4－10　说明机器人激光焊缝跟踪的基本原理。

4－11　调研一种点焊机器人管线包，列出它的主要组成部分。

4-12 给出两种应用场景:①变位机与焊接机器人分别独立运动;②变位机与焊接机器人联动。

4-13 调研一种白车身上的焊点数量是多少?与之对应的机器人点焊时间是多少?

4-14 调研一种机器人电阻焊系统及主要工艺参数。

4-15 调研磁吸附式的自动化焊接设备(比如焊接小车),与机器人焊接相比有何优缺点?

4-16 调研1或2个机器人多层多道焊接案例。

4-17 调研何种情况需要5轴焊接机器人?何种情况需要7轴焊接机器人?它们与常用的6轴焊接机器人相比有何优缺点?

4-18 已知机器人磨削凹面或凸面工件时,往往需要选择不同的打磨工具,要求:解释其原因。

4-19 调研3或4种机器人磨削系统工艺方法及工艺参数。

4-20 调研2或3种机器人铣削系统工艺方法及工艺参数。

4-21 根据机器人的绝对定位精度和轨迹定位精度的定义,分析利用机器人进行材料去除的主要挑战有哪些?

4-22 机器人磨削的应用场景有哪些?它的优缺点分别是什么?

4-23 机器人铣削的应用场景有哪些?它的优缺点分别是什么?

4-24 调研:除了机器人磨抛和机器人铣削,还有哪些机器人去除材料的应用?

4-25 采用机器人喷涂比手工喷涂有哪些优点?

4-26 调研并给出手工喷涂、机器喷涂、机器人喷涂需要哪些主要设备分析这3种方案的优缺点?

4-27 调研并给出2或3种电路板的机器人装配案例。

4-28 调研并给出2种机器人打螺钉的案例。

4-29 在网上检索并给出一种小型家用电器(比如扫地机、电风扇等)的机器人装配方案。

第5章 其他机器人应用技术

本章主要介绍并联机器人、协作机器人和移动机器人的基本知识。

5.1 并联机器人简介

并联型机器人的概念来自并联机构。1965 年,德国 Stewart 发明了六自由度并联机构,作为飞行模拟器用于训练飞行员,见图 5.1。1978 年,澳大利亚 Hunt 教授提出将并联机构用于机器人手臂。1979 年,MacCallion 和 Pham 首次将 Stewart 机构按照操作器设计,设计出了用于装配的机器人。1985 年,Clavel 博士发明了 Delta 机器人(机械手),见图 5.2(a)。1993年,第一台真正意义上的并联机器人在美国德州自动化与机器人研究所诞生。

图 5.1　6 自由度 Stewart 机构

水平面旋转的自由度

(a) 3自由度　　　　　　　　(b) 4自由度

图 5.2　DELTA 机器人

5.1.1　结构和组成

1. 结　构

并联机器人本体由定平台、主动臂、从动臂、动平台等部件组成。以典型的 3 自由度 Delta 并联机器人为例,它由固定基座(定平台)、3 根相同的主动杆、3 个相同的平行四边形从动支链和动平台组成,见图 5.2(a)。主动杆与从动支链以及从动支链与动平台之间都用转动副连接,从动支链的 4 个铰链为虎克铰,3 个主动杆由均布且固定在基座上的电机驱动,3 个平行四边形从动支链使动平台相对于定平台的运动始终为平动。

2. 组　成

并联机器人主要由机器人本体、控制柜和示教器组成,以 4 自由度 D3P－1100 并联机器人为例,如图 5.3 所示。

(1) 机器人本体

D3P－1100 并联机器人共有 4 个自由度,包括 Delta 机构的 3 个自由度和 1 个在水平面内

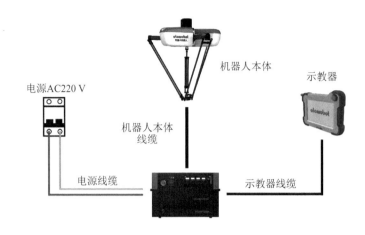

图 5.3　D3P - 1100 并联机器人的组成

的转动自由度。

（2）控制柜

D3P 机器人控制柜功能见图 5.4。为了适应各种工业的通信需求,其配备多种交互接口。

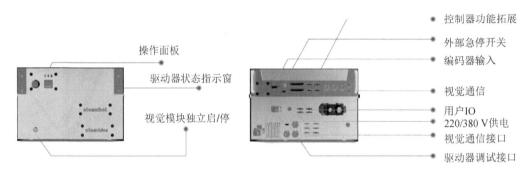

图 5.4　D3P 机器人控制柜功能

（3）示教器

D3P 系列机器人同时支持有线(见图 5.5)、无线(见图 5.6)、拖动 3 种示教模式。

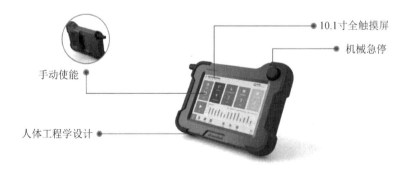

图 5.5　有线示教器

3. 技术参数

机器人技术参数主要包括自由度、绝对定位精度/重复定位精度、工作空间、最大负载等。

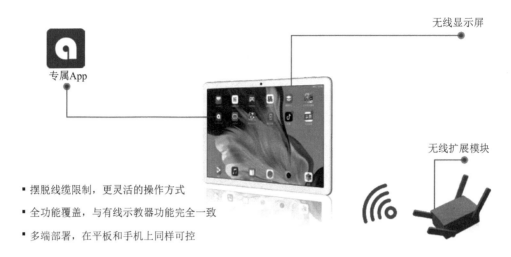

- 摆脱线缆限制，更灵活的操作方式
- 全功能覆盖，与有线示教器功能完全一致
- 多端部署，在平板和手机上同样可控

图 5.6　无线示教器

表 5.1 列举了 D3P - 1100 - P3 并联机器人的技术参数。

表 5.1　D3P - 1100 - P3 并联机器人的技术参数

轴数	最大负载	机器人本体		重复定位精度		最高运动频次	旋转范围	允许负载最大旋转惯量	主动臂角度范围		输入电源	电源容量	额定功率	保存温度	工作环境	防护等级
		重量	工作空间宽度	位置	旋转				上摆	下摆	三相					
3+1	3 kg					600 pp/min	±360°	31×10^{-4} kg·m^2			380 V AC，$-10\%\sim$ $+10\%$，49～61 Hz	10 kV·A	6.1 kW	-10 ～70 ℃	-10 ～50 ℃，RH≤ 80%	IP55
		90.5 kg	1 100 mm	0.05 mm	0.1°				24.5°	73.5°						

5.1.2　特　点

（1）高速度

一般驱动装置布置在静平台上或静平台附近，从动臂多为轻质细杆，因此惯量小，动平台可获得很高的运动速度和加速度，特别适合于高速物流生产线中物料分拣、搬运和抓放等操作。

国际标准门型测试轨迹的节拍最高可达 600 次/min。单台机器人可节约人工 3～5 人，替代 2～4 台传统分拣设备。

（2）高精度

并联机构无累积误差，在高速运行的情况下，机器人的重复定位精度可达±0.02 mm。

（3）承载能力大

结构紧凑，刚度高，承载能力比同等串联机器人大，本体占用空间比同等串联机器人小。完全对称的并联机构具有较好的各向同性（各方向运动性能相同）。

（4）高耐久性及稳定性

由于并联机器人重量轻，惯量小，且关节多采用耐磨工程塑料与金属球铰配合，因此耐久性高，使用寿命可长达 8 年。

（5）操作方便

用户可直接手动拖拽或通过可视化的图形操作界面设置机器人的运行轨迹，如图5.7所示；或通过示教器（有线或无线）进行点位的精确示教。

（6）工作空间较小

并联机器人的关节较多，每个关节都有运动极限，这限制了其运动空间。

图 5.7　并联机器人拖动示教

由于上述这些特点，并联机器人在高速、高精度、工作空间不大的场合得到了广泛应用。

并联机构与串联机构相比的特点： ①刚度大，结构稳定；②承载能力较大；③微动精度高；④运动负荷小；⑤对于运动学（位置）求解，串联机构正解容易但反解十分困难，而并联机构正解困难，反解却非常容易。由于机器人在线实时计算是要计算反解的，这对串联机构十分不利，而并联机构却容易实现。

5.1.3　轨迹规划

并联机器人的运动控制不同于串联机器人，在大部分应用场景中，并联机器人都是用于实现轻小物体拾取的门字型运动轨迹（PTP运动），见图5.8。整个拾取过程一般分解成三个动作：从指定位置提取目标，水平运送目标，然后在终止位置放置目标。常用的运动规划有修正梯形、摆线以及高次多项式等。

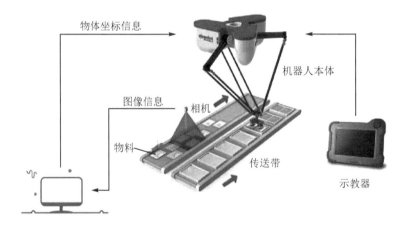

图 5.8　并联机器人的典型应用场景

5.1.4　安　装

（1）机械尺寸

D3P‐1100 机器人机械尺寸见图5.9。

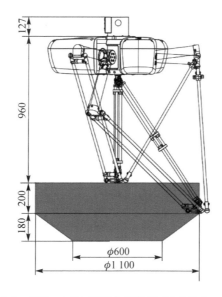

图 5.9　D3P‑1100 机器人机械尺寸(单位为 mm)

(2) 运动范围

D3P‑1100 末端参考点工作范围为直径 1 100 mm 的圆柱外加底部的圆台。在实际应用中,主动臂的俯仰范围是−73.5°～+24.5°。

(3) 本体安装

D3P‑1100 机器人主要采用吊装形式安装于固定的机架之上,见图 5.10。

(4) 末端工具安装

机器人末端有标准的定位法兰,可提供各种夹具、工具和执行器的安装,见图 5.11。

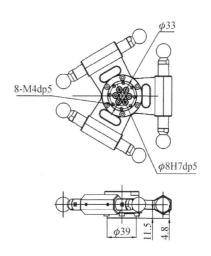

图 5.10　机器人安装示意图　　**图 5.11　机器人工具法兰安装示意图(单位为 mm)**

5.1.5 应 用

目前,并联机器人主要应用有 DELTA 型和 Stewart 型两种类型。

旋转驱动型的 DELTA 机器人(见图 5.2)主要用于自动化生产线上的 PTP(点到点)移载、分拣,是工业应用最多的类型。

Stewart 型机构(见图 5.1)广泛应用在并联机床、飞行模拟器、测量装置等领域。

应用行业:3C、PCB、新能源、汽车配件、食品、乳品、日化、制药等行业的高速分拣、包装和移载,见图 5.12。

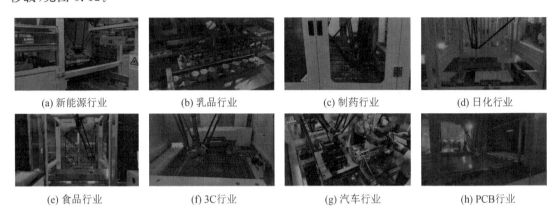

| (a) 新能源行业 | (b) 乳品行业 | (c) 制药行业 | (d) 日化行业 |
| (e) 食品行业 | (f) 3C行业 | (g) 汽车行业 | (h) PCB行业 |

图 5.12　并联机器人的主要应用行业

5.2　协作机器人

5.2.1 特 点

协作机器人的主要特征是能够实现人与机器人的直接合作——人机协作,是近些年发展起来的一种多关节轻型机器人,如图 5.13 所示。

协作机器人与工业机器人的应用领域不同。协作机器人的负载能力、运动速度等性能与工业机器人相比有明显劣势,难以满足一般工业场景的作业要求,但是协作机器人具有小巧轻便、移动灵活、柔性程度高、成本低等特点,适合代替人工完成轻小型物品的灵巧操作,因此能够填补通用工业机器人不便应用的空白领域,比如柔性要求很高的电子产品的自动化装配、分拣作业等。

协作机器人的操作使用门槛较低,编程简单,操作简洁、安全,能够实现人与机器人之间的直接协作,因此在机器人教学、服务领域具有较好的应用前景,比如餐厅服务机器人、机器人按摩等。

1. 结 构

协作机器人一般由 6 或 7 个模块化的旋转关节串联构成,如图 5.14 所示。机器人自重一般不超过 30 kg,负载能力范围是 3～16 kg。控制器一般集成在机器人本体上。

2. 安全性

在与人共融的环境中,协作机器人的首要条件是安全性要求,往往需要配备手眼系统,如

图 5.13 6 轴协作机器人(来源:遨博机器人)

图 5.14 所示。机器人各轴均有关节力矩传感器和碰撞检测装置,可以进行精细的力/位控制。采用超声波、视觉、光电传感器检测人机的相对位置,判断人机的相对运动,评估危险指数,以采取相应的安全措施。

3. 人机协作方式的概念

非物理交互:人和机器人独立完成各自的工作。按照 ISO 10218—2011 规定的人机协作安全标准(速度、最小隔离距离)对机器人进行运动规划,既保证操作安全,又要兼顾机器人的工作效率。

物理交互:人和机器人协同操作,需要感知操作者的运动,以进行实时规划。采用导纳控制建立人-机器人之间的力-运动关系,通过改变交互过程中的虚拟刚度、阻尼和惯量实现人机协同作业。

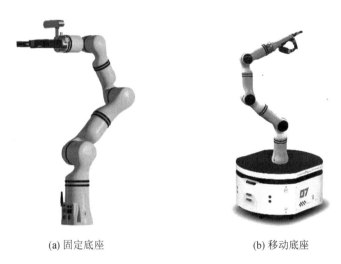

(a) 固定底座   (b) 移动底座

图 5.14 配备手眼系统的协作机器人(图片来源:睿尔曼智能)

5.2.2 组 成

协作机器人主要由机器人本体、控制柜和示教器组成,以 Aubo - E5 协作机器人为例,如图 5.15 所示。

Aubo - E5 本体模仿人的手臂,共有 6 个旋转关节。机器人关节包括基座(关节 1)、肩部(关节 2)、肘部(关节 3)、腕部 1(关节 4)、腕部 2(关节 5)和腕部 3(关节 6),如图 5.16 所示。

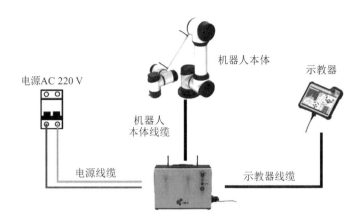

图 5.15　Aubo‐E5 协作机器人的组成(来源:遨博机器人)

Aubo‐E5 本体采用模块化可重构设计,用户能够根据自身需求,通过 ROS 或其他平台对关节模块重新组合,快速配置新结构、新形态的机械臂。模块化的设计理念使得维修与保养更加快捷与便捷。

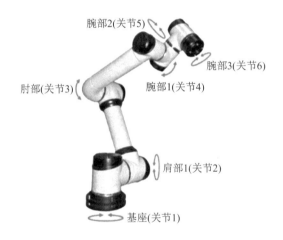

图 5.16　Aubo‐E5 协作机器人(来源:遨博机器人)

5.2.3　应　用

协作机器人的技术参数主要包括自由度、绝对定位精度/重复定位精度、工作空间、最大负载等。表 5.2 中列举了 AUBO‐E5 协作机器人的技术参数。

表 5.2　协作机器人的技术参数

项　目	参　数
运动自由度	6
安装方式	落地式、吊顶式、壁挂式
驱动方式	有刷直流电机

项　目		参　数
电机容量/W	J1	500
	J2	500
	J3	500
	J4	150
	J5	150
	J6	150
转角范围/(°)	J1	−175～175
	J2	−175～175
	J3	−175～175
	J4	−175～175
	J5	−175～175
	J6	−175～175
最大速度/$((°) \cdot s^{-1})$	J1	150
	J2	150
	J3	150
	J4	180
	J5	180
	J6	180
绝对定位精度/mm		0.8
重复定位精度/mm		0.02
工作空间/mm		886
最大负载/kg		5
本体重量/kg		24
法兰盘末端最大速度/$(m \cdot s^{-1})$		2.8

协作机器人主要应用于电子轻工产品、食品等的物流分拣、上下料、医疗康复、商业零售等领域。

5.3　移动机器人

通常说的工业机器人主要是操作臂形式的机器人,移动机器人不属于工业机器人领域。但是当前在制造业中越来越多地使用移动机器人,在物流分拣行业已经出现了"移动机器人＋操作臂"形式的**复合机器人**,如图 5.17 所示。在制造加工行业,大型工件磨抛和汽车车身测量作业中也出现了移动式机器人。可自主移动的底座(移动机器人)能够进一步扩大工业机器人的作业范围,将操作臂的灵活操作性能"移动"到操作对象所在位置。

(a) 物流分拣　　　　　　(b) 隔离酒店送餐

图 5.17　复合机器人

　　移动机器人的研究始于 20 世纪 60 年代末期。美国斯坦福研究院(SRI)的 Nils Nilssen 和 Charles Rosen 等人在 1966—1972 年中研发出了 Shakey 自主移动机器人,目的是应用人工智能技术研究在复杂环境下机器人系统的自主推理、规划和控制问题。

　　智能移动机器人是一个集环境感知、动态决策与规划、行为控制与执行等多功能于一体的综合系统。它集中了传感器技术、信息处理、电子工程、计算机工程、自动化控制工程以及人工智能等多学科的研究成果,是目前机器人领域发展最活跃的领域之一。

　　严格来说,移动机器人已经超出了机器人的定义,是在机器人技术基础上发展起来的一种自主运动机器。本节主要介绍工厂自动化中广泛使用的自动引导小车 AGV(Autonomous Guided Vehicle),AGV 广泛应用于工业输送。

5.3.1　AGV 分类

　　很早以前工业界就开始使用 AGV 了,根据用途的不同,AGV 有多种形式。

1. 无人搬运车

　　无人搬运车就是通过人工码放或自动码放将物品或工件堆放在搬运车上,搬运车能够自动行走,将物品或工件自动运送至指定位置,然后再进行人工或自动卸载。其特点是搬运车自身具有载荷自动移放和自动输送的能力,如图 5.18 所示。

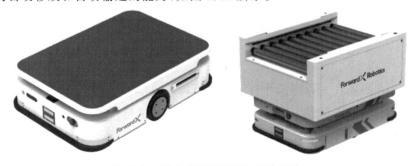

图 5.18　无人搬运车(来源:灵动科技)

124

2. 无人牵引车

无人牵引车(automatic guided tractor)就是能够牵引堆载货物的台车,将台车自动拖移到指定位置,然后通过人工或自动卸载的车辆,也称为无人 tractor trailer,如图 5.19 所示。

3. 无人叉车

无人叉车(automatic guided forklift truck)就是装载货物的货叉能够自动上升、下降,自动装载货物,然后自动行走到指定位置完成自动搬运和装载作业的叉车。图 5.20 所示为无人叉车(单侧叉式)。

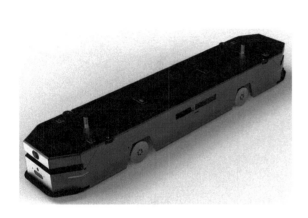 

图 5.19　无人牵引车(来源:灵动科技)　　　　图 5.20　无人单侧叉车

5.3.2　引导方式

1. 固定路径引导方式

利用连续信息设定路径的引导方式主要有电磁式、光学式和磁性式。

(1) 电磁式

电磁式引导是在行走路线上埋设电缆,利用电缆中通过的低频电流产生磁场,在车体底部设置一对耦合线圈来检测磁场,通过比较两个线圈中信号的强弱便能得到电磁感应传感器的偏移量,然后通过一定的导引计算就可实现 AGV 的电磁导引。该方式的地面施工成本较高,但是这种引导方式承受地面污染的能力较强,适用于重物运送和室外无人运送的场合。图 5.21 为电磁式引导的示意图。

(2) 光学式

光学式引导通常在行走路线的地面上布置反射条(铝带、不锈钢带或色带等),AGV 车体上的发光元件发射的光线经地面反射条反射回来,车体上的接收元件接收到光信号经处理后就可实现 AGV 的导引。

这种方式需要在地面铺设反射条,施工简单且容易变更,适用于路线频繁变更的应用场合。然而,地面的反射条或色彩的污染会引起噪声干扰,因此需要经常对反射条进行维护。

（3）磁性式

通常在行走路线的地面上铺设橡胶磁条,通过车体底部的磁性传感器进行检测,使车体沿着磁条行驶。与光学式相比,该方式抗地面污染能力较好,但也需要经常对反射条进行维护。图 5.22 为磁条引导示意图。

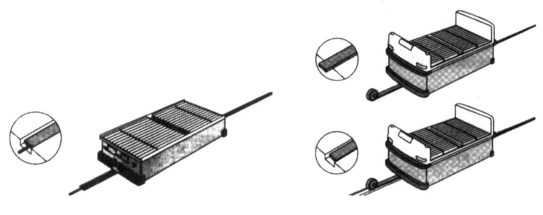

图 5.21　电磁式引导的示意图　　　　图 5.22　磁条引导示意图

2. 半固定路径引导方式

半固定路径引导方式与固定路径引导方式相似,是在地面上间断设置路标(反射条、磁铁、条形码或二维码等),利用搭载在车上的传感器(ITV 摄像头、磁性传感器、条码阅读器等),边辨识标记位置,边走。

这种方式的路径设定比较简单,更改路标设置也比固定路径引导方式简单,但是路标间距的大小需要针对现场具体情况进行设计。

3. 无路径引导方式

无路径引导方式也称为**自主行走方式**,其特点是无引导线,通过 AGV 本身的自治能力实现行走引导的方式。它又分为地面支援方式和自主导航方式两种。

（1）地面支援方式

地面支援方式在 AGV 的行走空间内设置激光标杆、超声波标杆、直角棱镜等,然后根据这些标记的位置关系计算 AGV 自身的位置实现行走引导。

（2）自主导航方式

自主导航方式通常在 AGV 内部备有地图和编码器,同时用陀螺仪、超声波传感器、摄像头和激光雷达构成图像处理系统来识别外部环境,确认 AGV 自身的位置,实现行走引导。该方式很适合柔性输送系统,但是其造价高、结构复杂,参见图 5.17。

5.3.3　移动方式

移动方式见图 5.23。

1. 两轮差动方式

两轮差动方式也称为两驱差速方式(见图 5.24),特点是两个车轮独立驱动,实现前进、后退、转向、自旋等。这种方式是 AGV 行走方式中采用最多的方式。

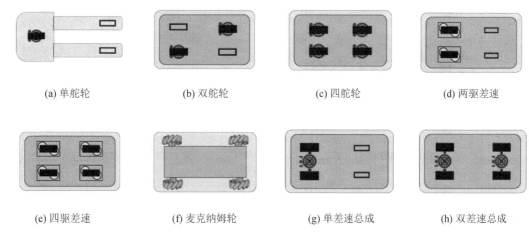

(a) 单舵轮　　　　　(b) 双舵轮　　　　　(c) 四舵轮　　　　　(d) 两驱差速

(e) 四驱差速　　　　(f) 麦克纳姆轮　　　(g) 单差速总成　　　(h) 双差速总成

图 5.23　移动方式

2. 前轮转向方式

前轮转向方式也称为单舵轮方式,如图 5.25 所示。这种车轮布置方式可以实现前进、后退、转向。这种方式需要的电机数较少,造价低,但行走模式比较简单。无人牵引车多采用这种方式。

3. 独立转向方式

图 5.26 所示为一种独立转向方式。这种转向方式根据车轮的配置可以实现前进、后退、转向、自旋、斜行全方位行走,多用于半固定路径引导方式和无路径引导方式的 AGV。

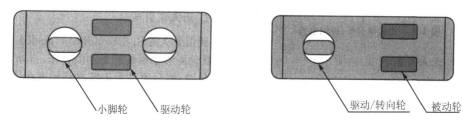

小脚轮　　驱动轮　　　　　　　　　　驱动/转向轮　　被动轮

图 5.24　两轮差动方式　　　　　　　图 5.25　前轮转向方式

4. 其他转向方式

双舵轮方式为双轮同步转向。四舵轮方式为四轮同步转向。四驱差速方式与两驱差速方式原理相同,特点是四个车轮均为独立驱动。单差速总成是同轴的两轮为差速驱动,双差速总成是由两个单差速总成组成。这些方式的特点是转向能力强,适用于重载 AGV。

5. 麦克纳姆轮

麦克纳姆轮是瑞典麦克纳姆公司的专利,简称麦轮。由轮毂和围绕轮毂的无动力辊子组成,辊子轴线和轮毂轴线夹角呈 45°,见图 5.27。每个车轮的轮轴速度是轮毂速度与辊子滚动速度的合成,各个车轮速度的不同组合就可实现车体的全方位运动。其原理可参见龚振邦编写的《机器人机械设计》。

麦轮结构复杂,承载能力不高,运动平稳性差,在工业 AGV 中应用较少。

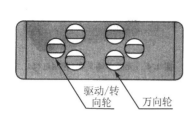

图 5.26　独立转向方式

图 5.27　麦克纳姆轮

5.3.4　装卸方式

　　AGV 行走至指定位置(站点)后即可自动卸载货物。站点的形式和货物的形状不同,所采用的卸载装置的形式也不同。图 5.28 为几种典型的 AGV 卸载方式。

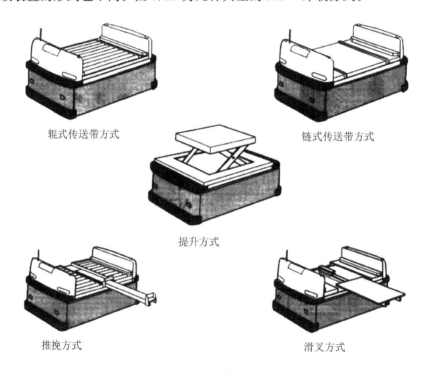

辊式传送带方式

链式传送带方式

提升方式

推挽方式

滑叉方式

图 5.28　AGV 的卸载方式

　　(1)辊式传送带方式

　　在 AGV 的料台上安装有辊式传送带,AGV 和站点之间的两条传送带彼此同步驱动即可实现货物的水平卸载。

　　(2)链式传送带方式

　　在 AGV 的料台上安装有链条传送带,AGV 和站点之间的两条传送带彼此同步驱动即可实现货物的水平卸载。

（3）提升方式

通过液压驱动的升降装置进行卸载。

（4）推挽方式

AGV 一侧和站点一侧同时支撑货物，利用推挽装置上的爪钩实现水平卸载。

（5）滑叉方式

在 AGV 上设置的滑动货叉进行卸载。

5.3.5 搬运系统

图 5.29 给出了 AGV 系统的一个例子。

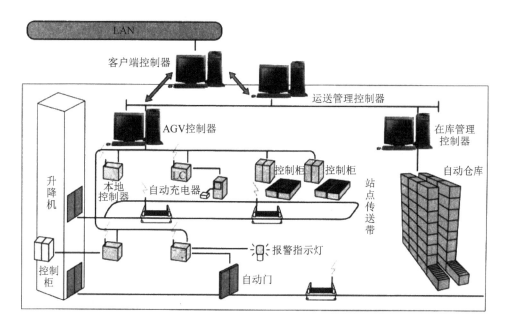

图 5.29 AGV 系统

AGV 搬运系统由 AGV、AGV 控制器（AGVC）、本地控制器（LC）、自动充电器、站点控制柜等构成。

AGVC 有两种连接方式：一种是与负责搬运系统全局管理的运送管理控制器连接；另一种是直接与客户端控制器连接。

AGVC 通过管理计算机（上位机）和交互界面实施 AGV 系统的全面管理。LC 通过通信电缆与 AGVC 连接，实现对自动充电器、自动门等周边设备的控制。由于 AGV 的运行范围很大，因此 AGVC 需要经 LC 与 AGV 进行通信。

在 AGVC 从上位机接收到运送指令（例如从站点 A 运送货物到站点 B）后，向处于待机状态的 AGV 发出行走至站点 A 的指令，接收到指令的 AGV 沿规定路径运行到站点 A；在它到达站点 A 后，AGVC 向控制站点控制柜发送指令，对 AGV 执行码放作业，码放作业完成后，AGVC 向 AGV 发出向站点 B 行走的指令；AGV 运动到站点 B 后，AGVC 向 AGV 发出指令将货物卸载。

在一系列的指令集中有时可能还包含楼层之间的搬运任务,此时需要通过 AGVC 与升降机控制柜之间进行通信实现 AGV 在楼层之间的移动。

绝大部分 AGV 的能源是蓄电池,因此还必须对蓄电池容量进行监测,如果发现蓄电池容量不足,AGV 可以在 AGVC 的命令下运行到自动充电器处自动充电。

5.3.6 应用领域

现在,AGV 系统已广泛应用于生产车间或物流领域。它能运送从数十吨的笨重物件到数千克的轻巧物品,运送的货物有钢材、产品模块、电子元器件等。尤其在液晶产品车间,AGV 广泛用于晶片、液晶平板等的搬运。AGV 还经常用于宾馆、旅店、医院的膳食配送。随着移动机器人的发展,多移动机器人之间的协同作业进一步提高了搬运的灵活性。图 5.30 所示的协同式停车机器人由两个移动机器人前后协作搬运一辆汽车。

1. 生产车间

自主引导小车应用于发动机缸体的转运,如图 5.31 所示。

图 5.30　协同式停车机器人　　　　图 5.31　自主引导小车(来源:新松机器人)

2. 管道检测

管道检测机器人如图 5.32 所示。

3. 监测巡检

电力巡检机器人如图 5.33 所示。

图 5.32　管道检测车(来源:韦林管道机器人)　　　图 5.33　电力巡检机器人

4. 农作物作业

采摘机器人如图 5.34 所示。除草机器人如图 5.35 所示。

图 5.34 采摘机器人

图 5.35 除草机器人

5. 膳食配送

宾馆、旅店、医院的膳食配送机器人见图 5.18(b)。

习 题

5-1 画出 Delta 机构原理图。

5-2 画出 Steward 机构原理图。

5-3 调研并联机器人装箱系统。

5-4 调研利用协作机器人制作咖啡的方案。

5-5 调研利用协作机器人进行机床上下料的方案。

5-6 对比协作机器人与工业机器人的优缺点。

5-7 AGV 有哪些引导方式？

5-8 AGV 有哪些移动方式？

5-9 AGV 有哪些装卸方式？

5-10 调研并列出复合机器人的优缺点。

5-11 调研并给出物流分拣应用场景下的移动机器人实用案例。

第6章 机器人编程

机器人与其他自动化装备的区别在于它是可编程的。不仅机器人的运动可编程,而且通过传感器以及与其他自动化装备的通信,机器人能够适应任务进程中的各种变化。机器人编程就是建立机器人的工作程序,实现所需运动,完成预期任务。

6.1 示教编程

本节以国产机器人为例,介绍机器人示教器操作、示教编程指令、示教-再现步骤等常用的机器人编程方法和注意事项。示教编程是使用机器人必须要掌握的基本技能之一。

6.1.1 示教器

自从计算机出现以来,通过计算机语言编写程序的可编程机器人成为主流。针对机器人的计算机编程语言称为机器人编程语言(Robot Programming Languages,RPLs)。大多数机器人系统配备了机器人编程语言,同时也保留了示教器接口。图 6.1 所示为一位操作者正在使用示教器对焊接机器人进行编程。

示教时,用户通过示教器交互方式来操纵机器人。示教器可以控制操作臂的每一个自由度。这种控制器的程序可以进行调试和分步执行,因此能够输入包含逻辑功能的简单程序。

图 6.1 焊接机器人示教编程

1. 示教器外观

示教器是机器人控制系统的重要组成部分,通过电缆与机器人控制器相连。操作者面对机器人,手持示教器,通过手动操作示教器,移动机器人达到不同位姿,并记录各个位姿点的坐标;调用机器人语言(示教编程指令)进行在线编程,得到机器人运动路径程序;通过按键或远程信号启动机器人程序,实现程序再现,让机器人重复执行示教程序定义的运动路径。

示教器的主要作用包括示教再现操作、状态查询、文件操作、安全保护等。

示教器上设有用于对机器人进行示教和编程所需的触摸屏、操作键和按钮。ERT76触摸屏示教器外观如图 6.2 所示。触摸屏形式的示教器,操作方便灵活,左右手均可操作。还有一些示教器仅有显示屏,所有操作都通过显示屏上的触摸键来实现。

2. 示教器按键

(1)功能键

功能键在示教编程器的下方,常用功能键的说明如表 6.1 所列。

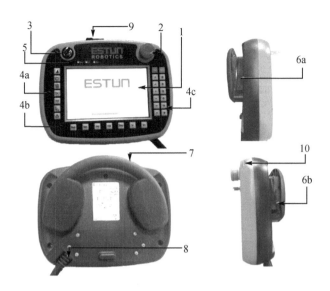

1—显示屏;2—紧急停止按钮;3—模式选择开关;4a、4b、4c—全局功能按键;

5—状态指示灯;6a、6b—伺服使能开关;7—悬挂手柄;8—电缆接入区;

9—USB插槽;10—触摸笔

图 6.2　示教器外观

表 6.1　功能键说明

功能键	功能说明
Rob	快捷菜单键
Mot	伺服使能功能键
Jog	坐标系选择功能键:在点动模式下实现机器人坐标系(包括关节坐标系、世界坐标系和工具坐标系)的切换
F/B	倒序执行程序功能键:手动模式下,按此键切换至倒序执行,再次按下,切换回至正常顺序执行
Step	示教再现运行方式选择功能键:示教再现运行时,运行方式的选择包括单步和连续两种方式
V-	速度减功能键
V+	速度加功能键

(2) 菜单键

菜单键在示教器的左侧,各菜单键说明如表 6.2 所列。

表 6.2　菜单键说明

菜单键	功能说明
👤	系统设置:此菜单界面实现用户登录、显示版本信息等功能
📂	工程管理:此菜单界面实现对工程的管理功能,如导入/导出、新建、删除、重命名等
📄	程序编辑:此菜单界面实现对程序的编辑功能,如示教指令插入、修改等

续表 6.2

菜单键	功能说明
(x)	程序数据:此菜单界面实现变量的新建、赋值、管理等功能
↩	I/O 检测:此菜单界面实现系统 I/O 信号的监视,并可进行 I/O 信号的诊断
↻	位置管理:此菜单界面实现对示教操作参数的设置功能,如点动速度、坐标系切换等
↻	系统日志:此菜单界面显示所有系统操作的反馈信息,包括提示、警告、错误等

(3)轴操作键

轴操作键在示教编程器的右侧,轴操作键说明如表 6.3 所列。

表 6.3　轴操作键说明

轴操作键	功能说明
Start	启动示教再现按键
Stop	示教再现停止按键
+	正方向点动按键: 关节坐标系下,对应关节的正方向运动;基坐标系下,对应 X、Y、Z、A、B、C 的正方向运动;工具坐标系下,对应 TX、TY、TZ、TA、TB、TC 的正方向运动
-	负方向点动按键: 关节坐标系下,对应关节的负方向运动;基坐标系下,对应 X、Y、Z、A、B、C 的负方向运动;工具坐标系下,对应 TX、TY、TZ、TA、TB、TC 的负方向运动

3. 示教编程器显示屏

示教编程器的显示屏一般是 7 英寸的彩色显示屏,能够显示数字、字母和符号。显示屏分为 4 个显示区,分别为通用显示区、状态显示区、快捷按钮显示区和点动显示区。示教编程器的显示区界面如图 6.3 所示。

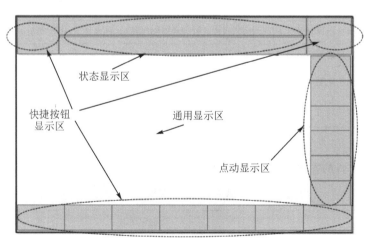

图 6.3　显示屏

(1)通用显示区

在通用显示区,显示各种操作菜单界面,可对程序、特性文件、各种设定进行显示和编辑。

（2）状态显示区

在状态区内显示系统的运行状态,包括运行模式、伺服状态、点动坐标系和点动速度等,如图6.4所示。

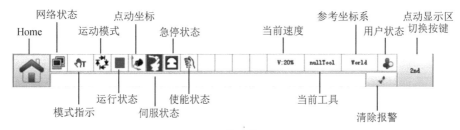

图 6.4　状态显示区

（3）快捷按钮显示区

显示当前页面下各个快捷按钮的作用。

（4）点动显示区

点动显示区内显示当前对应点动按键的点动方式,如当点动显示区显示 A1、A2、A3、A4、A5、A6 时,对应为关节点动方式。触摸点动按键能够移动机器人。

6.1.2　示教编程界面

1.“工程管理”界面

工程是指机器人执行的一项操作任务,一般是一个程序集,也可能是一个程序;程序则是指执行这项操作任务的程序。

（1）新建工程或程序

按照如下指导步骤新建一个工程或程序:

步骤 1　单击 📁 按钮或在主界面上单击“工程管理”按钮进入“工程管理”界面,如图6.5所示。在“工程管理”界面中,单击下方的“刷新”按钮,可更新工程列表。

图 6.5　“工程管理”界面

步骤 2　选择右侧“文件”→“新建”菜单命令,弹出“新建程序”对话框,如图6.6所示。

步骤 3　若要新建一个工程,则单击“请选择工程”右侧的下拉按钮并选择“新建工程”。

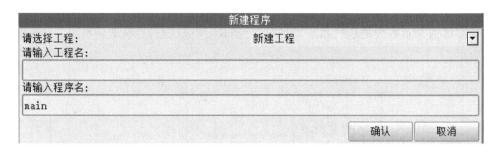

图 6.6　新建程序对话框

　　若要在某个工程中新建一个程序,则在其下拉列表中选择所需要的工程名,并跳至步骤5。或者事先在工程列表中选择想要的工程,然后单击"新建"按钮。若工程列表中没有程序,默认且仅有的选项即"新建工程"。

　　步骤 4　单击"请输入工程名"文本框,并在弹出的软键盘中输入需要新建的工程名,如"estun"。

　　步骤 5　单击"请输入程序名"文本框,并在弹出的软键盘中输入需要新建的程序名,如"main"。

　　步骤 6　单击"确认"按钮,新建工程(或程序)成功,直接跳转至程序编辑界面,如图 6.7所示。

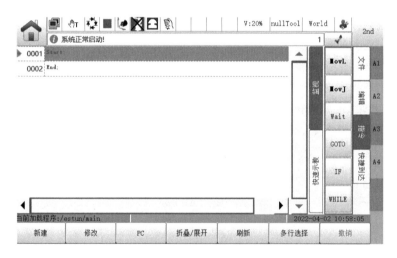

图 6.7　程序编辑界面

(2) 删除工程或程序

按照如下步骤删除一个工程或程序:

　　步骤 1　在"工程管理"界面中单击要删除的工程或程序,如"estun"。

　　若要删除的工程已被"加载",则需要先单击下方的"注销"按钮,才能正常执行删除操作;若要删除程序,必须确保该程序所在的工程被注销,才能删除该程序。

　　步骤 2　单击右侧"删除"按钮,即弹出提示框。

　　步骤 3　单击"确认"按钮,即可删除工程。

（3）加载/注销工程或程序

在工程列表中，"加载状态"一栏中已经显示了工程或程序是否正在被加载。

最多只有一个工程或程序被加载。当另一个工程或程序被加载时，之前被加载的工程或程序会自动注销。

若要加载或注销一个工程或程序，只需要单击要进行该操作的工程或程序，然后单击"加载"或"注销"按钮。

（4）自启动程序

在工程列表中，单击需要自启动的程序，然后单击下方的"自启动"按钮，并在弹出的对话框中单击"确认"按钮，该程序的自启动操作即可完成。当用户启用远程模式时，该程序将被自动加载。

（5）工程导入/导出

工程导入是指将 U 盘中的工程或程序文件导入至控制器中；工程导出是指将控制器中的工程或程序文件导出至 U 盘中。

在执行工程导入/导出操作前，用户须准备一个可读/写的 U 盘，然后按如下步骤操作：

步骤 1　将 U 盘插入示教器的 USB 接口。

步骤 2　单击 按钮，进入工程管理界面。

步骤 3　单击右侧菜单中的"管理"按钮，进入如图 6.8 所示的界面。

图 6.8　"工程导入/导出"界面

图 6.8 左侧为示教器中的工程文件列表，右侧为 U 盘文件中的工程文件列表。

工程导出：①从左侧"工程文件"列表中选择需要导出的程序文件；②单击界面中间的 按钮，可将所选的程序文件导出至 U 盘。

工程导入：①单击底部；②单击界面中间的 按钮，可将所选的程序文件导入至控制器。

2. "程序编辑"界面

在进行程序编辑之前，必须先加载该程序所在的工程。单击 按钮或在主界面上单击"程序编辑"按钮进入"程序编辑"界面。

通过菜单键或在主界面中所进入的程序编辑，是正在加载的程序。指令"加载/注销工程"或"程序"对应加载需要编辑的程序。

用户也可以在"程序管理"界面中单击正被加载的程序，然后单击下方的"打开"按钮，进入"程序编辑"界面。使用该方法可在正加载的工程下编辑尚未被加载的程序。

（1）新建指令

按照如下步骤新建一个指令：

步骤 1　进入"程序编辑"界面，图 6.9 所示为一个空程序的界面说明。在新程序中插入第一个指令时，请将光标移至 End 所在的行。

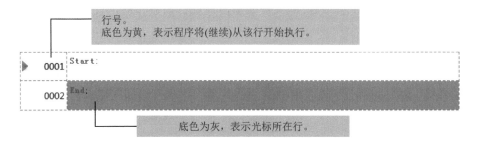

行号。
底色为黄，表示程序将(继续)从该行开始执行。

▶ 0001 Start:

0002 End:

底色为灰，表示光标所在行。

图 6.9　空程序的程序编辑界面

步骤 2　单击界面下方的"新建"按钮，进入"指令选择"界面，如图 6.10 所示。

图 6.10　"指令选择"界面

步骤 3　选择"指令分类"按钮，然后在右侧选择需要用到的指令。例如：需要新建一个运动指令 MovJ，则选择"运动指令"→"MovJ"命令。

步骤 4　单击"确认"按钮，进入"新建指令"对话框，在此界面中可编辑需要插入的指令参数。图 6.11 所示为 MovJ 指令的参数编辑对话框。

步骤 5　按照实际要求来编辑指令的参数。编辑不同的参数时，可使用如下方式：单击该参数的输入框，在弹出的软键盘中输入正确的数值；单击输入框的下拉箭头符号，在弹出的下拉列表中选择需要的参数值；对于表示位置的参数，如果要选择当前位置作为参数值，则直接单击"示教"按钮。

步骤 6　参数编辑成功后，单击"插入"按钮。界面返回"程序编辑"界面，成功插入一个 MovJ 指令，如图 6.12 所示。

步骤 7　按照上述的方法继续添加指令。

步骤 8　检查并确认所有程序编辑无误后，可返回主页面进行其他操作。

图 6.11 MovJ 指令的参数编辑对话框

图 6.12 插入 MovJ 指令

（2）撤销指令

若在编辑程序时发现了错误操作,想要撤销刚刚新建或修改的指令,可在程序编辑界面中单击"撤销"按钮,取消并返回上一步操作。

（3）快速修改指令

若要修改某条指令,直接单击要修改的指令。然后在右侧弹出该指令的"快速示教"中选择要修改的参数并进行修改操作,如图 6.13 所示。修改完成后,单击"修改"按钮,即可成功修改该指令的参数。若要指定程序从某一指令开始执行,直接单击要开始执行的指令,然后单击下方的"PC"按钮,指针将变更至该指令（见图 6.14）,即将指令执行位置变更为第 0003 行。

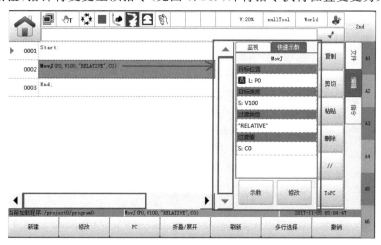

图 6.13 修改指令参数

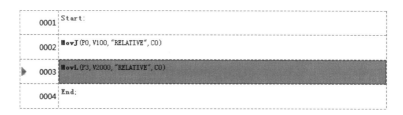

图 6.14　指令执行位置

（4）指令"点—点到达"

在手动模式下,用户可在程序页面中选择右侧"快捷到达"→"位置点"命令,以手动定位至目标点,如图 6.15 所示。

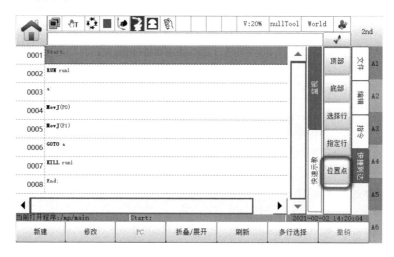

图 6.15　手动定位至目标点

在上浮的选项中选择目标"点"以及运行指令"MovJ"或"MovL",然后按住"Go"按钮,TCP(机器人工具中心点)将持续运行至目标点;松开"Go"按钮可停止 TCP 的运动,如图 6.16 所示。

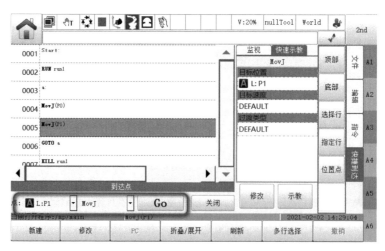

图 6.16　TCP 运动界面

请选择指定目标点的指令行,上浮选项中的"点"会自动出现目标点的变量。指令行中出现"点"变量时,可在下拉列表中选择需要的目标"点"。

运行至目标点时的指令操作仅"MovJ"和"MovL"可选。

3. "程序数据"界面

单击 (x) 按钮或在主界面上单击"程序数据"按钮进入"程序数据"界面。在"程序数据"界面中,单击下方的 "刷新"按钮,可更新变量列表。

程序数据(变量)分为系统、全局、工程、程序四种范围。

系统(S):系统初始定义的一些变量。

全局(G):所有工程或程序都可使用的变量。

工程(P):同一个工程下的程序都可使用的变量。

程序(L):仅当前程序可使用的变量。

按照如下步骤新建一个变量:

步骤 1　进入程序数据界面,如图 6.17 所示。

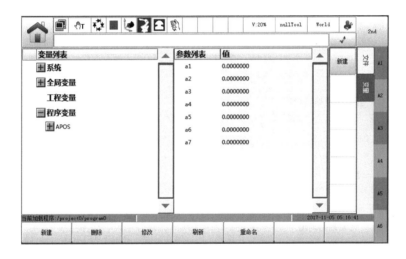

图 6.17　"程序数据"界面

步骤 2　单击需要新建的所属范围,如"全局变量"。

步骤 3　单击"新建"按钮,在弹出的"新建变量"对话框中设置相关参数,如图 6.18 所示。

图 6.18　新建变量参数设置

3

步骤 4 确认或选择所要新建的变量所属的"域"（范围）。

步骤 5 设置要新建的变量的类别。表 6.4 列出了所有变量分类和类型的说明。

表 6.4 变量分类说明表

分 类	类 型	默认名称前缀
I/O 数据类型	数字量输入	DI
	数字量输出	DO
	模拟量输入	AI
	模拟量输出	AO
	虚拟数字量输入	SimDI
	虚拟数字量输出	SimDO
	虚拟模拟量输入	SimAI
	虚拟模拟量输出	SimAO
PLC 数据类型	PLC 实数变量	PLCREAL
	PLC 整型变量	PLCINT
	PLC 双整型变量	PLCDINT
	PLC 布尔型变量	PLCBOOL
socket 数据类型	socket 名	Socket
位置数据类型	关节位置类型	APOS
	关节相对位置类型	DAPOS
	坐标系位置类型	CPOS
	坐标系相对位置类型	DCPOS
区域数据类型	标准区域	AREA
	多边体区域	POLYHEDRON
基本数据类型	一维实数数组	RealOneArray
	一维布尔数组	BoolOneArray
	一维整型数组	IntOneArray
	字符串变量	STRING
	实数变量	REAL
	布尔变量	BOOL
	整形变量	INT
摆动数据类型	摆弧变量	WEAVE
时钟数据类型	时钟类型	CLOCK
码垛数据变量	码垛变量	PALLET

续表6.4

分 类	类 型	默认名称前缀
系统数据类型	工具坐标系	TOOL
	用户坐标系	USERCOOR
	转弯区变量	ZONE
	速度变量	SPEED
	动坐标系	SYNCOORD
	变位机坐标系	POSITIONER
	负载变量	PAYLOAD
	外部 TCP 坐标系	EXTTCP

步骤 6 确认所要新建的变量设置无误后,单击"确认"按钮。界面将返回至变量列表,并显示刚刚新建的变量数据。图 6.19 所示为成功新建了一个全局的位置变量 P0。

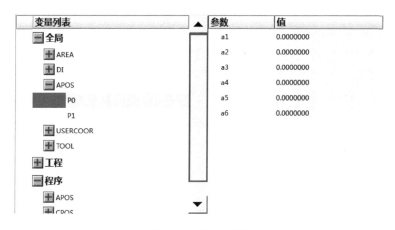

图 6.19 新建变量

此界面还可以实现修改变量值、删除变量、重命名变量、查找变量等操作。

4."位置管理"界面

单击 按钮或在主界面上单击"点动管理"插件组的"位置管理"进入"位置管理"界面,如图 6.20 所示。

(1)关节坐标

单击"关节坐标"按钮,界面显示机器人当前的关节位置信息(A1、A2、A3、A4、A5、A6)。

(2)世界坐标

单击"世界坐标"按钮,界面显示机器人 TCP 在世界坐标系下的位置信息(X、Y、Z、A、B、C)。

(3)用户坐标

若"参考坐标系"设置为"G:USERCOOR",单击"用户坐标"按钮,界面显示机器人 TCP 在用户坐标系下的位置信息(RX、RY、RZ、RA、RB、RC)。

图 6.20 "位置管理"界面

(4) 外部工具坐标

若"参考坐标系"设置为"G：EXTTCP"，单击"外部工具坐标"按钮，界面显示机器人 TCP 在外部工具坐标系下的位置信息(EX、EY、EZ、EA、EB、EC)。

(5) 变位机坐标

若"参考坐标系"设置为"G：POSITIONER"，单击"变位机坐标"按钮，界面显示机器人 TCP 在变位机坐标系下的位置信息(PX、PY、PZ、PA、PB、PC)。

(6) 力　矩

单击"力矩"按钮，界面显示机器人本体各关节电机的额定转矩值(百分比)。

(7) 单圈值

单击"单圈值"按钮，界面左侧显示各个轴的设置单圈值(单击相应位置可进行设置)，右侧显示各个轴的实际单圈值。

(8) 寸动设置

若"点动模式"设置为"寸动"，单击"寸动设置"按钮，界面显示机器人各轴的寸动参数。若要修改寸动参数，直接单击参数值的输入框并在弹出的软键盘中输入要修改的数值。

用户可把"点动坐标系"修改为想要进行点动操作的坐标系，或者单击示教编程器上的按钮来切换要想进行点动操作的坐标系。

(9) 回　零

在机器人伺服励磁状态下，单击"回零"按钮，并在弹出的对话框中输入正确的管理员密码，界面将弹出提示信息，单击"确认"按钮，执行回零操作。注意：此操作会对所有轴进行回零操作。

6.1.3　示教编程指令

1. 运动指令

运动指令是机器人示教编程中最常用的一类指令。运动指令如图 6.21 所示。

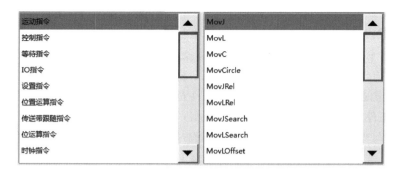

图 6.21　运动指令

（1）MovJ

MovJ 指令表示机器人各个关节进行点到点的运动（point to point），机器人的末端轨迹为不规则的曲线，并且在该指令运行结束时可进行 I/O 指令的操作，如图 6.22 所示。

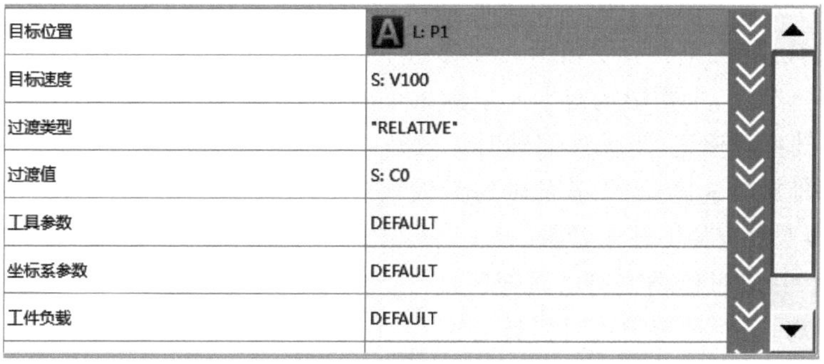

目标位置	A L: P1
目标速度	S: V100
过渡类型	"RELATIVE"
过渡值	S: C0
工具参数	DEFAULT
坐标系参数	DEFAULT
工件负载	DEFAULT

图 6.22　MovJ 运动指令

目标位置：指令终点位置，类型可为 APOS 或 CPOS。在下拉列表中选择已有的点，或在弹出的对话框中新建并示教一个变量。当选择变量的类型为 CPOS 时，目标位置取决于 confdata 的配置，但若设置 mode 值为 −1，则终点位置不受限于 confdata 的值，而是以最优解的方式到达目标位置。

目标速度：指令运行速度。设置为 DEFAULT，表示使用默认值 V4000。设置为 SPEED 类型变量时，可以选用系统预定义，也可以自行创建。其中，per 项对 MovJ 指令起调控作用，即为全局速度的百分比。

过渡类型：机器人逼近终点时的过渡方式。DEFAULT：使用默认的过渡方式 FINE，即使用无过渡。FINE：无过渡。RELATIVE：相对过渡。ABSOLUTE：绝对过渡。

过渡值：机器人逼近终点时的过渡值。设置为 DEFAULT，表示使用默认值 C100。设置为 ZONE 类型变量时，可以选用系统预定义，也可以自行创建。其中，当变量值为 0 时表示不过渡，过渡值越大则过渡半径越大。

工具参数：机器人执行该轨迹时使用的工具参数。设置为 DEFAULT，表示沿用最近一次设置的工具参数。设置为 TOOL 类型变量时，可以选用系统预定义，也可以自行创建；使用与当前工具参数不同的坐标系时，系统会将工具参数切换成设置的工具参数。若本段与前后段轨迹的工具参数变化,则不支持过渡。

坐标系参数:机器人执行该轨迹时使用的坐标系参数。设置为 DEFAULT,表示沿用最近一次设置的坐标系。设置为 USERCOOR 类型变量时,可以选用系统预定义,也可以自行创建;使用与当前坐标系不同的坐标系时,系统会将坐标系切换成设置的坐标系。

工件负载:机器人执行该轨迹时使用的工件负载参数。设置为 DEFAULT,表示沿用最近一次设置的工件负载参数。设置为 PAYLOAD 类型变量时,可以选用系统预定义,也可以自行创建;使用与当前工件负载参数不同的负载参数时,系统会将工件负载参数切换成设置的工件负载参数。若本段与前后段轨迹的工件负载有变化,则不支持过渡。

AddDo:机器人执行完该指令后,可进行 I/O 操作。

NULL:无任何操作。

I/O 指令:执行 I/O 操作,目前支持的 I/O 指令有 SetDo、SetAo、SetSimDo、SetSimAo、PulseOut、PulseSimOut、SetDO8421、SetSimDO8421、SetDIEdge、SetSimDIEdge。

SPEED 类型变量有如下参数:

per:百分比,主要影响关节坐标系下的运动,如 MovJ 等;

tcp:末端直线速度,主要影响笛卡儿坐标系下的运动,如 MovL、MovC 等;

ori:末端姿态速度,主要影响笛卡儿坐标系下的运动,如 MovL、MovC 等;

exj_l:外部轴直线速度(当无外部轴时无效);

exj_r:外部轴旋转速度(当无外部轴时无效)。

ZONE 类型变量有如下几个参数:

per:百分比,相对过渡类型时的转弯区;

dis:绝对距离,绝对过渡类型时的转弯区;

vConst:低速恒定过渡使能状态,为 1 表示过渡速度恒定不变,为 0 表示跟随过渡参数变化。

示例 1(见图 6.23):

```
MovJ(P1, V50, "RELATIVE", C100)
```

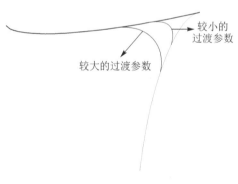

机器人以 V50 的速度运行到 P1 点,并与下一轨迹存在过渡,过渡值为 100%。

示例 2:

```
MovJ(P2, V50, "RELATIVE", C0)Do SetDo(DO0,0)
```

机器人以 V50 的速度运行到 P2 点,且无过渡,运行至 P2 点时,设置 DO0 为 0。

图 6.23 过渡值示意图

(2) MovL

MovL 指令为直线运动指令,通过该指令可以使机器人 TCP 点以设定的速度直线运动到目标位置。若运动的起止姿态不同,则运行过程中姿态随位置同步旋转到终点的姿态。与 MovJ 相同,在执行完该指令时可以附加进行 I/O 操作,MovL 的参数设置与 MovJ 相似,不同之处为目标速度为绝对速度值,不是百分比。

(3) MovC

MovC 为圆弧指令,指机器人 TCP 点从起始位置经过中间位置到目标位置做圆弧运动。若运动的起止姿态不同,则运行过程中姿态随位置同步旋转到终点的姿态,但不一定经过中间位置的姿态。

2. 控制指令

控制指令如图 6.24 所示。

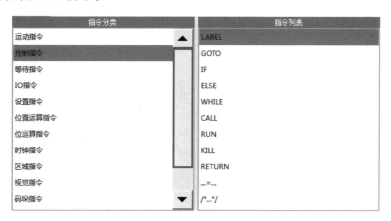

图 6.24　控制指令

（1）LABEL

Label 指令用于定义 GOTO 跳转目标。

（2）GOTO

GOTO 指令用于跳转到程序的不同部分。跳转目标通过 LABEL 指令定义。不允许从外部跳转进入内部程序块。内部程序块可能是 WHILE 循环程序块或者 IF 程序块。

（3）IF

IF 指令用于条件判断表达式跳转控制。当条件判断表达式结果为真时，程序执行 IF 下程序块的内容，类似于 C++中的 if 语句。IF 条件判断表达式结果必须是 BOOL 类型。每一个 IF 指令必须以关键字 ENDIF 作为条件判断程序块的结束。

（4）ELSE

ELSE 指令依赖于 IF 或 ELSIF 指令，紧跟 IF 或 ELSIF 指令块后；当 IF 或 ELSIF 条件判断均不成立时，将执行该语句。

（5）WHILE

WHILE 指令在满足条件时循环执行子语句。循环控制表达式必须是 BOOL 类型。该指令必须以关键字 ENDWHILE 作为循环控制结束。

设置 WHILE 表达式的方法与设置 IF 表达式的方法相同。

（6）CALL

CALL 为调用指令，当前程序跳转至同一程序下另一个子程序，子程序执行完后跳转回当前程序。

（7）RUN

RUN 为程序并行运行指令，即机器人能够在运行当前程序的同时，运行其他程序（当前程序继续运行不跳转的同时启动另一个程序），且运行的程序必须是同一个程序。目前，控制器可支持运行 8 个并行程序。

（8）KILL

KILL 为停止并行运行的指令，即得机器人能够在运行当前程序的同时，停止运行其他程序,且停止运行的程序必须在同一个程序下且为运行状态。

(9) RETURN

返回指令。一般情况下,执行该指令后,程序会跳转至程序的末尾,如果是在 CALL 指令中使用了 RETURN 指令,则返回 CALL 指令的上一级程序。

3. 等待指令

等待指令如图 6.25 所示。

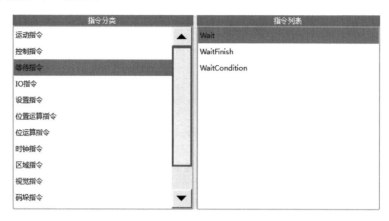

图 6.25 等待指令

(1) Wait

Wait 用于设置机器人等待时间,时间单位为 ms,可为 int 常量或者 INT 变量类型。假如设置等待 1 s,生成命令的两种方式如下:

```
// 使用常量的方式
Wait(1000)
INT0.value
 = 1000
Wait(INT0)
```

(2) WaitFinish

WaitFinish 用于同步机器人的运动以及程序执行。

如示例程序:

```
MovL(P1, V1000,"RELATIVE", C100)
WaitFinish(20)
SetDO(DO1, 1)
MovL(P2, V1000,"RELATIVE", C100)
```

SetDO 指令将在第一条 MovL 指令执行到 20% 时触发,第一条 MovL 指令执行完后直接过渡执行第二条 MovL 指令。

若删去 WaitFinish(20),则 SerDO 将在第一条 MovL 指令执行完后执行,然后再执行第二条 MovL 指令。此情况下两条 MovL 指令间无过渡,但有停顿。

(3) WaitCondition

WaitCondition 用于设置机器人执行等待的条件。若在设定时间内未满足条件,则返回超时状态。

当"判别条件"为真时,才执行下一步指令,否则程序将继续等待直到表达式为真。

"时长"表示执行等待时所需的时间,可为 int 常量或者 INT 变量类型,单位为 ms。如果该参数的值为 0,将强制等待判别条件为真时才继续执行下一条指令。如果该参数的值非 0,即使判别条件仍不是真,系统将在等待给定时长后跳过该指令,并继续执行下一条指令。

中断使能:设定等待过程中是否在程序恢复后继续计时。0:遇到程序停止时,停止计时,并在恢复时继续程序停止前的计时。1:遇到程序停止时,停止计时,并在恢复时重新计时。

超时判断值:选择一个变量并在如下两种情况下为其赋值。当输入条件为真且该指令执行完成时,对该变量赋值 0;当该指令由于超时执行完成时,对该变量赋值 1。

超时跳转的标签名:当执行超时时,选择跳转的标签名所在行。

4. I/O 指令

I/O 指令如图 6.26 所示。

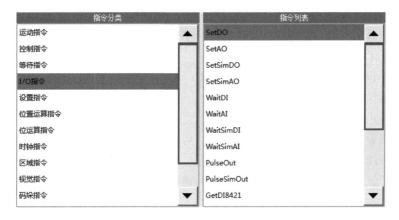

图 6.26　I/O 指令

(1) SetDO

将数字量输出端口设置为 TRUE(1)或者 FALSE(0)状态。

(2) SetAO

将模拟量输出端口设置为一定值。

(3) WaitDI

等待直到数字量输入端口被设置或复位。

(4) WaitDI8421

该指令用于在指定时长内等待一组连续数字量输入 DI 端口的状态组合。在设定时长内若等待条件满足,程序继续向下执行;在设定时长内若条件未满足,则超时判断值置为 1 后,程序继续向下执行。

(5) WaitSimDI

等待直到虚拟数字量输入端口被设置或复位。

5. 设置指令

设置指令如图 6.27 所示。

(1) SetTool

选择工具坐标系指令。

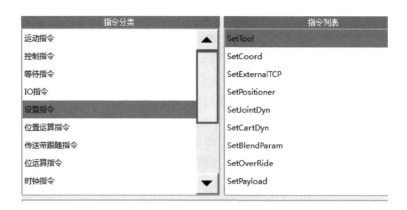

图 6.27　设置指令

（2）SetExternalTCP

该指令用于设置系统的参考坐标系为外部工具坐标系。执行该指令后,系统将参考坐标系切换至外部工具坐标系,机器人的运动将相对于外部工具坐标系。

（3）SetJointDyn

该指令用于设置关节动态参数,包括加速度、减速度、加加速度、力矩。运行该指令后,后续运动指令均以该动态参数运行。

（4）SetBlendParam

该指令用于设置过渡参数。运行该指令后,后续运动指令均以该过渡参数运行。

（5）SetOverRide

该指令用于设置全局速度功能。设置"全局速度"为一个合适的百分比数值。

（6）SetPayload

选择工件负载参数指令。

（7）SetRtToErr

该指令用于设置机器人停止运行并发出错误信息。

（8）RefRobotAxis

该指令用于设置机器人单轴回零的指令,该指令仅能在管理员权限下创建。

6.1.4　示教编程实例

1. 示教步骤

（1）示教前的准备

① 启动机器人电控柜,并确认各部分处于正常工作状态。

示教器启动正常界面如图 6.28 所示。

请务必确认示教器工作正常,方可进行下一步操作,否则应找出引起错误的原因,并逐个排查,直到错误解除。

② 在示教编程器中登录到管理员模式,确认示教编程器上的模式旋钮对准"手动",设定为手动模式。管理员模式:手动模式见图 6.29。

③ 按下电控柜上的"主电"按钮,给伺服驱动器上电。

④ 按下"PWR"按钮后"伺服 ON"指示灯开时闪烁,按"使能开关"后 PWR 灯常亮,此时

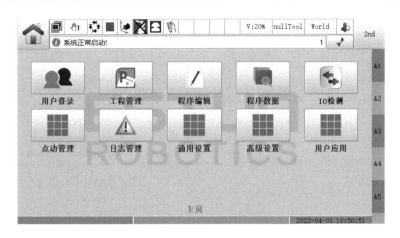

图 6.28 示教器启动正常界面

图 6.29 管理员模式:手动模式

伺服电机处于伺服 ON 状态,如图 6.30 所示。

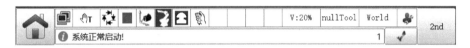

图 6.30 伺服电机处于伺服 ON 状态

⑤ 此时按下"轴操作"键,可以进行相应的轴操作。

(2) 示教的基本步骤

为了使机器人动作能够再现,必须把机器人运动轨迹编成程序指令,新建工程步骤如下:

① 按 📂 键或者单击主页"工程管理"按钮,进入"工程管理"界面。

② 单击"新建"按钮,进入定义工程、程序界面,如图 6.31 所示。

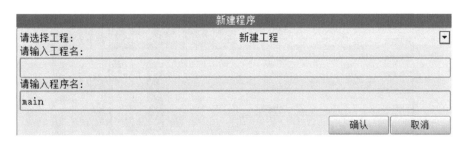

图 6.31 "新建程序"对话框

③ 单击输入框后,会出现软键盘。

④ 显示字符输入画面后,输入工程名和程序名。例:以 estun 为工程名,以"main"为程序名,用触摸笔直接在显示屏上单击 e、s、t、u、n,输入工程名,以同样的方法输入程序名 main

后,单击"确认"按钮即自动进入程序界面,如图 6.32 所示。

图 6.32　程序界面

下面介绍程序示教的过程,程序是把机器人的作业内容用机器人语言加以描述。

例:为机器人输入以下从工件 A 点到 B 点的加工路径程序,此程序由 6 个程序点组成,如图 6.33 所示。

程序点 1——开始位置。

把机器人移动到完全离开周边物体的位置,作为第一个辅助点,即程序点 1。

单击"新建"按钮,在"运动指令"中选择 MovJ 指令,单击"确认"按钮后显示如图 6.34 所示的编辑界面。

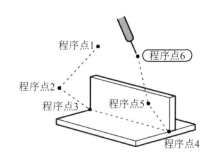

图 6.33　示教编程路径

图 6.34　程序编辑界面

单击"示教"按钮后,位置变量 P0 保存了程序点 1 处的机器人各轴位置参数。单击"确定"后,完成程序点 1 的示教工作,在程序界面内显示的指令如图 6.35 所示。

程序点 2——作业开始位置附近。

使用"轴操作"键,使机器人姿态到达作业开始位置附近,即程序点 2。

用与程序点 1 相同的方法示教程序点 2,示教完成后程序指令见图 6.36。

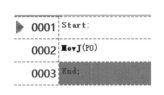

图 6.35　示教 P0 点

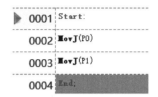

图 6.36　示教 P1 点

程序点 3——作业开始位置。

保持程序点 2 的姿态不变,移向作业开始位置,即程序点 3 处。

保持程序点 2 的姿态不变,按下 Jog 键,设定机器人参考坐标系为直角坐标系,使用"轴操作"键把机器人移到作业开始位置。在程序界面下单击"新建"按钮进入指令界面,选择直线运动指令,如图 6.37 所示。

图 6.37　直线运动指令 MovL

单击 Teach 示教按钮并确认,完成对程序点 3 的示教工作,程序截图如图 6.38 所示。

程序点 4——作业结束位置。

保持程序点 3 的姿态不变,移向作业结束位置,即程序点 4 处。

用"轴操作"键把机器人移动到作业结束位置。从作业开始位置到结束位置,不必非常精确,为了不碰撞工件,移动轨迹可远离工件。

用与程序点 3 相同的示教方法,添加一条直线插补指令,其中位置变量 P3 保存了机器人在程序点 4 处的坐标参数,程序指令如图 6.39 所示。

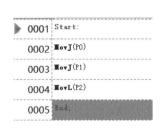

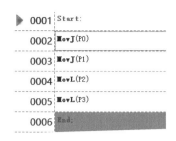

图 6.38　示教 P2 点　　　　　　　图 6.39　示教 P3 点

程序点 5——不碰触工件、夹具的位置。

把机器人移动到不碰触工件和夹具的位置。

使用"轴操作"键把机器人移动到不碰触夹具的位置。

用与程序点 3 相同的示教方法，添加一条直线插补指令，其中位置变量 P4 保存了机器人在程序点 5 处的坐标参数，程序指令如图 6.40 所示。

程序点 6——开始位置附近。

把机器人移动到开始位置附近。

使用"轴操作"键把机器人移动到开始位置附近。

用与程序点 2 相同的示教方法，添加一条关节插补指令，其中位置变量 P5 保存了机器人在程序点 6 处的坐标参数，程序指令如图 6.41 所示。

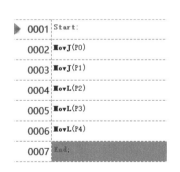

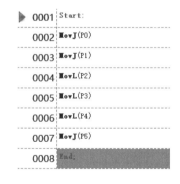

图 6.40　示教 P4 点　　　　　　　图 6.41　示教 P5 点

最初的程序点和最后的程序点重合。

现在，机器人停在程序点 1 附近的程序点 6 处。

如果能从作业结束位置的程序点 5 直接移动到程序点 1 的位置，就可以立刻开始下一个工件的作业，从而提高工作效率。可以把最终的程序点 6 与最初位置的程序点 1 设在同一个位置，如图 6.42 所示。

把光标移动到程序点 1 处，点 PC 移动指针到 002 行，按 Step 键选择单步模式，把速度设定 10% 以内后，按 Start 键，程序开始运行，机器人移动到程序点 1。

在状态栏中，单步模式及速度显示如图 6.43 所示。

把光标移动到程序点 6 处即程序 007 行，单击"修改"按钮后，出现如图 6.44 所示界面。

单击"示教"按钮并确认，程序点 6 的位置被修改到与程序点 1 相同的位置。

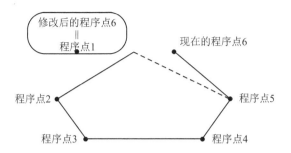

图 6.42　程序终止点与初始点重合

图 6.43　单步模式

图 6.44　修改 P5 点

在完成了机器人动作示教后,单步运行程序,确认示教轨迹。

① 按 PC 键,把程序指针移动到程序点 1 处。

② 按 Step 键,选择单步模式。

③ 按速度增减键将速度设定在 10% 以内。

④ 按 Start 键,程序开始单步运行,每按一次 Start 键,执行一条指令。

（3）程序的修改

如果机器人的动作与规划的有差别,可以通过改变程序中的程序点参数来修改机器人的动作。

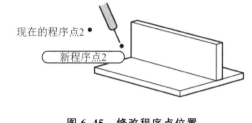

修改程序点的位置数据——把程序点 2 的示教位置稍作修改,如图 6.45 所示。

图 6.45 修改程序点位置

① 在单步模式下,把机器人慢速安全地移至待修改的程序点 2 处。

② 用"轴操作"键把机器人移至修改后的位置。

③ 将光标点到程序点 2 处,单击"修改"键后,进入程序编辑界面。

按"示教"按钮,完成对程序点的位置数据的修改。

插入程序点——在程序点 5、6 之间插入新的程序点,如图 6.46 所示。

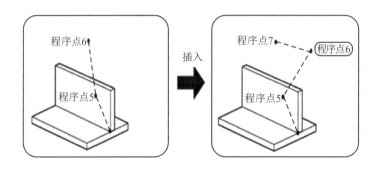

图 6.46 插入新的程序点

① 按 Start 键,把机器人移动到程序点 6。

② 用"轴操作"键把机器人移至欲插入的位置。

③ 参见添加程序点 6 的方法（见图 6.41）,添加一条关节插补指令（如图 6.47 所示）,其中位置变量 P6 保存了插入点的坐标参数。

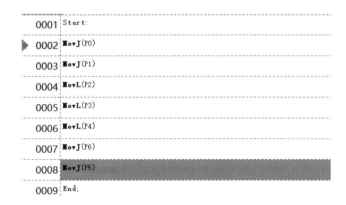

图 6.47 添加一条关节插补指令

删除程序点——删除刚插入的程序点,即从图 6.48 的左图状态返回到原来的状态(见图 6.48 的右图)。

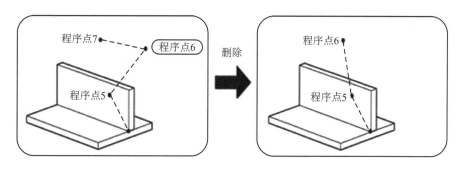

图 6.48　删除程序点

① 单击要删除的指令 MovJ(P6),光标将移动到该指令上。

② 单击"编辑"菜单下的"删除"按钮,弹出确认框后选择"确认",程序点被删除。

2. 再　现

(1) 再现前的准备

执行示教完成的程序称为再现。

在再现之前,请确保如下操作:

① 在操作之前确定操作人员及其他工作人员处在机器人工作区之外。

② 确保机器人电控柜和示教编程器上的急停按键功能正常。

③ 加载再现所需的工程文件。

④ 将光标移动到要执行程序的首行,然后单击 PC 键,确保程序从第一行开始执行。

⑤ 按速度增减键将速度设置为较为理想的速度。

(2) 再现步骤

① 把示教编程器上的模式旋钮设定在自动模式,把光标移到程序开头。

② 按"Mot"键,机器人伺服进入使能状态。

③ 按"Start"键,开始执行所加载的示教程序。

3. 机器人零点位置校准

零点位置校准是将机器人位置与绝对编码器位置进行匹配的操作。零点位置校准是在出厂前进行的,但在下列情况下必须再次进行零点位置校准:

➤ 改变机器人与控制柜的组合。

➤ 更换电机、绝对编码器。

➤ 控制器检测到电机轴位置丢失。

➤ 伺服驱动器清除单圈和多圈位置信息。

➤ 机器人碰撞工件,零点偏移。

零点校准方法:

➤ 将机器人用"轴操作"键移动到机械零点的位置。

➤ 使用回零指令 RefRobotAxis() 对机器人的各个轴进行回零。

➤ 零点校准实际上是将绝对编码器的圈数清零。

➤ 执行回零指令后示教器上显示的各关节角度不一定为 0。

6.2 离线编程

示教编程和应用机器人语言编程都需要编程人员有一定的机器人理论基础和丰富的现场调试经验,编程质量与编程人员的水平密切相关,这使得机器人的推广应用受到很大限制。通过非直接操作机器人运动对其进行编程,称为离线编程。**离线编程系统**(Off‑Line Programming,OLP)是基于计算机图形学建立机器人和工作环境的模型,然后应用机器人规划算法,通过对图形的操作,在离线状态下进行机器人路径规划的一种编程方法。表 6.5 给出了示教编程方式和离线编程方式的比较。

表 6.5 示教编程方式和离线编程方式的比较

方　式	示教编程	离线编程
特点	需要实际机器人系统和工作环境	需要机器人系统和工作环境的图形模型
	编程时机器人停止工作	编程时不影响机器人工作
	在实际系统上验证程序	通过仿真测试程序
	编程的质量取决于编程者的经验	可用 CAD 方法,用计算机辅助进行最佳路径规划
	实现复杂的机器人运动路径编程费时费力	便于实现复杂运动路径的编程

最简单的离线编程系统只是机器人编程语言的图形扩展,编程人员可以在仿真环境下对图形方案进行选择,进行子任务编程,但是编程人员仍然需要反复对生成的子任务规划进行评判,由此可见离线编程系统是任务级编程系统的重要基础。

6.2.1 离线编程系统的功能模块

机器人离线编程是应用计算机图形学的成果,通过建立机器人及其环境物的几何模型,按照机器人的任务,生成机器人关节运动控制代码,然后对编程的结果进行三维图形动画仿真,以检验编程的正确性,最后将生成的机器人运动程序传送到机器人控制器,以控制机器人运动,完成期望任务。离线编程的主要**优点**:缩短机器人停机时间,编程效率高,便于复杂路径的编程,便于 CAD/CAM/Robot 集成。

离线编程系统的主要**技术特点**:①不占用机器人和生产设备;②可以对各种机器人进行编程;③可以进行 CAD/CAM/Robotics 一体化设计;④可以应用高级语言对复杂任务进行编程;⑤便于进行程序修改;⑥改善编程环境。

离线编程在适应柔性加工需求、缩短生产周期和降低劳动强度方面有着不可替代的优越性,已成为机器人的关键编程技术之一。但是,由于理想模型与实际模型必然存在误差,必须要消除计算机模型与真实物理环境之间的误差,因此离线生成的机器人程序通常还需要在线校正后才能实际使用。

离线编程系统在设计过程中一般遵循"**三化**"原则,即模块化、通用化、可扩展化。模块化是离线编程系统设计和开发的首要原则,在软件架构设计中,将整个系统划分为若干个独立的模块,便于开发人员协同设计与独立开发,大大缩短了系统软件的研发周期。同时,模块化的开发架构有利于降低各模块间的耦合,能够有效提高系统软件的稳定性。另外,在平台设计中采用了一定的插件机制,系统在运行时可以根据用户需求的不断变化,动态载入相关功能模块,使其在灵活性和运行效率方面得到较大的提升,而且便于各模块后续功能的扩展。

1. 用户接口

考虑到机器人的易操作性和灵活性,工业机器人一般提供两种接口:一种是适合编程人员通过编写机器人编程语言代码与机器人交互,以对机器人进行示教和程序调试;另一种是适合非编程人员使用示教器直接与机器人交互进行程序开发。

对于机器人编程语言,交互式语言比编译语言的效率高得多。

利用鼠标操作,通过图形接口可以方便地在显示器上确定机器人和现场设备的位置和运动,确定工作模式,调用各种编程系统具备的操作功能,以及进行示教。

离线编程系统还应该可以把非编程人员示教的坐标系和动作顺序转换成机器人编程语言,然后由编程人员以机器人编程语言的形式加以改进。

2. 三维模型

离线编程系统中的一个基本功能是利用图形描述对机器人和工作站进行仿真。

离线编程系统应当有与外部 CAD 系统进行模型转换的接口,至少应当有简单的 CAD 工具,或者能够在 CAD 模型中加入与机器人相关的数据。

目前的显示技术大多是用面阵的方式表达。在自动碰撞检测中,物体三维实体模型的碰撞检测比较困难,而面阵模型的碰撞检测比较容易。

3. 运动仿真

离线编程系统应具有自动生成运动学正解和逆解的功能。对于运动学逆解,离线编程系统能够以两种不同的方式与机器人控制器交互。第一种方式是用离线编程系统替代机器人控制器逆运动学模型,并不断将关节空间的机器人位置传送给控制器;第二种方式是将直角坐标空间的机器人位置传送给机器人控制器,使用制造商提供的逆运动学模型来求解机器人位姿。第二种方式是现成的,所以比较方便;如果采用第一种方式,则离线编程系统的逆运动学算法应与控制器中的算法一致。

离线编程系统必须能够对任何一种算法进行仿真。对于多解情况应选择最接近的解。在进行仿真时,仿真器使用的算法必须与控制器一样。

另外,机器人控制器应能够在给定直角坐标空间位置的情况下,直接确定操作臂应当使用的可行解。

4. 路径规划仿真

离线编程系统除了能对操作臂的静态位置进行运动学仿真外,还应能对操作臂在空间运动路径进行仿真。主要是离线编程系统应能对机器人控制器中使用的算法进行仿真。

离线编程系统应具有轨迹生成器(参见第 2 章 2.3 节)中可达工作空间的计算和碰撞检测等功能。

(1) 可达工作空间计算

可达工作空间是机器人工作时所能达到的范围。主要有两种计算方法:解析法和数值法。**解析法**计算精度高,速度快,但是不直观,难以形成通用的计算机算法;**数值法**通用性强,直观,但计算量大,对于凹曲面可能会丢失合理数值。在离线编程系统中主要采用数值法,并用图形显示出来。机器人的可达工作空间可通过求下式的极值获得:

$$
\left.
\begin{aligned}
X = P_x &= f_1(q_1, q_2, \cdots, q_n) \\
Y = P_y &= f_2(q_1, q_2, \cdots, q_n) \\
Z = P_z &= f_3(q_1, q_2, \cdots, q_n)
\end{aligned}
\right\}
\tag{6.1}
$$

$$q_{i\min} \leqslant q_i \leqslant q_{i\max}, \quad i = 1, 2, \cdots, n$$

式中,$q_1, q_2, \cdots, q_n$,$i = 1, 2, \cdots, n$ 是机器人关节变量;P_x, P_y, P_z 是机器人 TCP 的直角坐标位置变量。

(2) 碰撞检测

① **直接检测法**:根据计算机图形学,将碰撞检测转化为求几何体"交"的问题,通过图形集合运算,测试碰撞、干涉现象。缺点是如果采样间隔大,就会出现漏检问题;反之,则计算时间长。

② **扫描体积法**:扫描体积指在实体构型中产生运动的几何体所扫描过的空间体积,碰撞检测可归结为扫描体积间的相交问题,但这种方法难以得出发生碰撞的准确时间和位置。

③ **相交计算法**:把几何体的点、线、面的轨迹描述为时间的函数,得出满足几何体相交条件的方程,通过求解方程得出发生碰撞的准确时间和位置,但是,把运动几何体描述成时间的函数比较困难。

④ **J 函数法**:J 函数是多面体距离的伪度量,如果两个多面体间的 J 函数值为零,则表明二者发生了碰撞。由于 J 函数的计算仅与形成多面体的极点有关,便于计算机存储信息,计算量小,且可以不考虑碰撞的形式,因此 J 函数法可以方便地用于离线编程系统的碰撞检测。

5. 动力学仿真

在高速或重载情况下,需要考虑系统动力学特性对机器人轨迹跟踪误差的影响。建立用于机器人动力学实时仿真的方法有数字法、符号法和解析(数字—符号)法。**数字法**是将所有变量都表示成实数,这种方法的计算量很大。**符号法**是将所有变量都表示成符号,可以在计算机上进行矩阵元素的符号运算,但是需要复杂的软件和占用较大内存。**解析法**把部分变量表示成实数,占用内存较少。解析模型算法可在计算机上自动生成动力学模型。

6. 多过程仿真

离线编程系统应能够对多个设备以及并行操作进行仿真。这种功能是一种多处理语言。这种编程环境能够为一个工序中的多个机器人单独编写控制程序进行仿真。

7. 传感器的仿真

离线编程系统应能够对装有传感器的机器人的误差进行仿真。传感器主要分为局部传感器和全局传感器。**局部传感器**有接近觉传感器、触觉传感器、力觉传感器等,**全局传感器**有视觉传感器。

接近觉传感器可以利用传感器几何模型间的干涉检查进行仿真。

触觉传感器可以通过检查触觉阵列的几何模型与物体间的干涉进行仿真。

力觉传感器可以根据相交物体的材料特性,通过计算相交部分的体积进行仿真。

目前**视觉传感器**已有很多三维成像和建模软件,并可以提供仿真环境。

8. 工作站标定

根据 CAD 图纸可以确定工件的加工位置,因此可以根据 CAD 图纸预先确定工件的几个特征点,然后在仿真系统中参照特征点对所有加工位置进行标定。

9. 通信接口

通信接口可以把仿真系统生成的机器人程序转换成机器人控制器的代码。标准通信接口可以将仿真程序转换成各种机器人控制器可接受的格式,一般是应用一种语言翻译系统完成。

10. 误差校正

离线编程系统的仿真模型(理想模型)与实际的机器人模型总会存在各种误差。误差校正的方法主要有:①基准点法,在工作空间内选择几个位置精度较高的基准点(不少于三点),由离线编程系统规划使机器人运动到这些基准点,通过测量两者间的差异形成误差补偿函数;②应用传感器反馈的现场信息,与离线编程系统的理论位置进行比较,得出误差模型。

6.2.2　离线编程系统实例

采用机器人对复杂曲面进行抛光加工时,机器人执行连续路径的接触作业,特别是生成的抛光路径必须要满足特定的工艺要求,比如抛光进给方向、抛光路径重复的次数等。采用示教编程往往费时费力,编制的程序质量难以满足抛光质量要求。多年的科研实践证明,离线编程对于提高抛光加工质量具有重要意义。本节以某机器人抛光专用离线编程系统为例,介绍机器人离线编程系统。本实例以 Qt 软件为平台开发框架,采用开源库 OpenCascade 和高级程序语言 C++进行机器人离线编程系统开发。

OCCT 是一个开源的 CAD(Computer Aided Design)/CAM(Computer Aided Manufacturing)/CAE(Computer Aided Engineering)软件开发平台,为本实例提供图形交互接口。OCCT 平台采取模块化的设计方式,具有较好的可拓展性。OCCT 平台包括 7 大核心库,如表 6.6 所列。

表 6.6　OCCT 7 大核心库功能

类库名	功　能
基础类库	定义内存分配、释放、句柄相关类
建模数据结构库	提供相关数据结构,用于表示 2D 和 3D 几何图元
建模算法库	包含各类几何和拓扑操作算法
网格处理库	提供网格模型的数据结构及处理算法
可视化库	提供复杂的机制以实现数据的图形化显示
数据交换库	提供多种常见 CAD 格式文件转换功能
应用程序开发框架	通过应用和文档的形式处理应用数据

在开发系统图形用户界面时,考虑到平台的可移植性及扩展性,采用 Qt 作为图形开发框架。Qt 是一种基于 GUI 图形开发框架的编程工具,支持 C++语言,能够为用户在 GUI 软件开发时提供较为齐全且友好的人机交互界面。其作为一种面向对象的开发框架,具有易扩展的特点,符合当前主流的程序开发思想,得到了广泛的应用。

针对机器人抛光系统的编程需求,对机器人离线编程系统的设计进行模块化划分。机器人离线编程系统的结构如图 6.49 所示,包括图形用户界面(GUI)、三维视图、自由曲面加工路径、数据存储、运动求解以及程序自动生成 6 个模块。通过各个模块之间的相互配合实现了数据的传输、交互、计算、存储和输出等功能。机器人抛光工作站的三维仿真模型如图 6.50 所示,物理系统如图 6.51 所示。

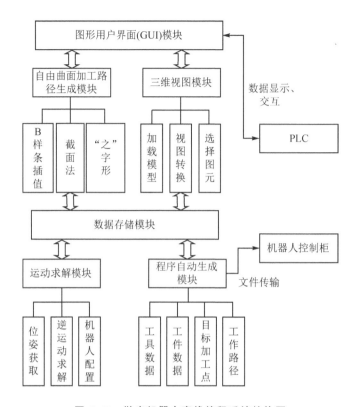

图 6.49　抛光机器人离线编程系统结构图

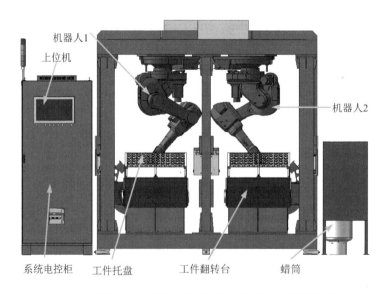

图 6.50　双臂机器人抛光工作站三维仿真模型

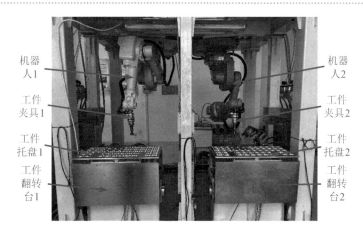

机器人1
机器人2
工件夹具1
工件夹具2
工件托盘1
工件托盘2
工件翻转台1
工件翻转台2

图 6.51　双臂机器人抛光工作站实物

6.2.3　功能模块设计

对图 6.49 中抛光机器人离线编程系统中各个模块的设计及功能实现介绍如下。

1. 图形用户界面(GUI)模块

图形用户界面(GUI)模块作为用户与软件交互的接口,是本系统的基础模块。该模块提供了用户数据的输入与平台信息的输出功能。该模块在 Qt 软件框架下用 GUI 界面进行设计,用高级编程语言 C++编写,用户可以通过界面操作实现人机交互。图形用户界面设置了接口,可以实现三维视图的显示、加工模型的导入、改变加工模型视图、自由曲面抛光路径的生成、机器人可行位形的选择、与 PLC 实现数据显示和交互,以及机器人程序文件输出等功能,并将交互得到的数据通过数据存储模块进行存储,以便系统平台的使用和计算。图 6.52 所示为机器人离线编程系统的软件主界面以及各按钮所对应的功能。

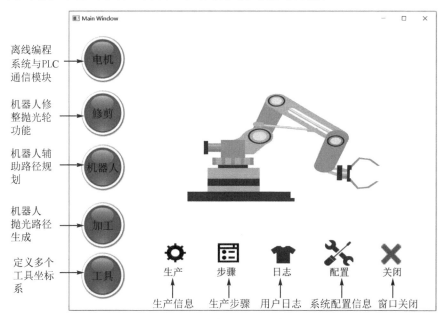

离线编程系统与PLC通信模块　电机
机器人修整抛光轮功能　修剪
机器人辅助路径规划　机器人
机器人抛光路径生成　加工
定义多个工具坐标系　工具

生产 — 生产信息
步骤 — 生产步骤
日志 — 用户日志
配置 — 系统配置信息
关闭 — 窗口关闭

图 6.52　抛光机器人离线编程系统软件主界面

2. 三维视图模块

三维视图模块提供了三维工件模型加载、显示、操作的功能,是系统在自由曲面上生成加工路径模块的基础模块,包括加载模型、视图转换、选择图元三部分。三维视图模块通过定义三维显示窗口,采用C++编程实现三维工件模型加载并显示,实现三维工件的视图转换。选择三维工件模型的图元,如选择体、面、线、点,并将选择的图元进行存储和拓扑操作。本模块不依赖于现有 CAD 软件开发,采用 OCCT 开源库进行开发以使软件体量小,运行速度快。图 6.53 所示是机器人离线编程系统三维视图模块,显示的是加载的三维工件模型。

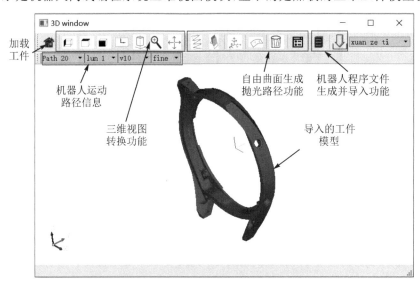

图 6.53　机器人离线编程系统三维视图模块

3. 自由曲面加工路径生成模块

用作机器人抛光运动路径生成,自由曲面加工路径生成模块是本系统的核心模块之一,也是区别于人工示教方式的一个重要特征,其包括 B 样条插值、截面法、"之"字形加工路径(往复摆动抛光路径)这三种路径生成方式。自由曲面加工路径生成模块在三维视图模块的基础上通过调用选择图元,进行拓扑计算并显示生成的加工路径,实现了用户通过图形界面选取图元并生成自由曲面加工路径的功能,如图 6.54 所示。

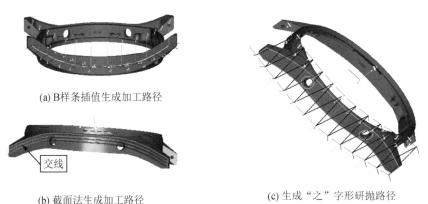

(a) B样条插值生成加工路径

(b) 截面法生成加工路径

(c) 生成"之"字形研抛路径

图 6.54　自由曲面加工路径生成

4. 数据存储模块

数据存储模块提供了离线编程系统中原始数据、中间过程数据及终期数据的存储功能,将各个模块间的数据进行存储和传递,实现了模块与模块之间信息的交互,为机器人系统运动求解提供了数据信息,以便后续进行机器人运动求解和计算,为机器人程序文件的输出提供了数据支持,是系统不可或缺的模块。

5. 运动求解模块

运动求解模块是系统的核心功能模块之一,包括位姿获取、逆运动求解、生成机器人位形。逆运动求解模块通过获取三维工件模型表面加工点的位置和姿态数据,得到机器人到达加工点处的所有运动姿态。利用搜索路径算法,获得机器人运行整条加工路径时均可达到的运动姿态,即可行的机器人位形。机器人位形窗口如图 6.55 所示,通过选取窗口左边的单选框中机器人可能的位形,在显示区域中相应地显示该机器人运动学逆解是否可行。在求解得到机器人的可行逆解后,生成机器人运行程序文件,导入机器人运动仿真软件来验证所生成的机器人可行解是否正确。运动求解模块是程序自动生成模块中机器人加工路径生成部分的主要内容。

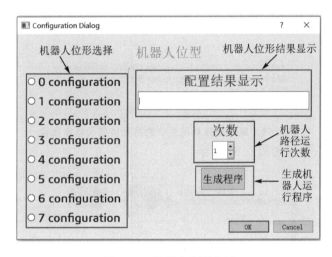

图 6.55 机器人位形窗口

6. 程序自动生成模块

根据用户的操作生成相应的机器人程序文件包含四个方面,分别为工具数据、工件数据、目标加工点数据、工作路径。对于机器人程序而言,工具数据、工件数据、目标加工点数据属于数据段,工作路径需要定义机器人指令段,在整个机器人程序中需要添加注释段对程序进行解释和说明,其组成如图 6.56 所示。程序自动生成模块通过获取数据存储模块的数据,进行关于工具数据、工件数据以及目标加工点数据的输出。针对 IRB1600 型 6 关节通用机器人,使用运动求解模块的数据可以生成并输出加工路径,最终形成用 RAPID 语言编制的机器人程序文件,如图 6.57 所示。程序自动生成模块自动生成机器人程序文件,文件格式为 mod 文件,并将程序文件传输到机器人控制器中。

7. 通信模块

离线编程系统的通信包括通过局域网与机器人控制器进行通信、通过局域网与 PLC 进行通信两部分。与机器人控制器的网络传输协议为 FTP 文件传输,与 PLC 的传输协议为 UDP

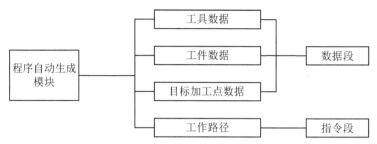

图 6.56　程序自动生成模块组成

```
CONST robtarget Target_2_1:=[[-15.0491,-7.30486,-23.3527],[0,0.853428,0,-0.521211],[-1,-1,-1,1],[9E+09,9E+09,9E+09,9E+09,9E+09,9E+09]];
CONST robtarget Target_2_2:=[[-17.4302,-5.14831,-18.591],[0,0.847602,0,-0.530633],[-1,-1,-1,1],[9E+09,9E+09,9E+09,9E+09,9E+09,9E+09]];
                                                              .
                                                              .
                                                              .
CONST robtarget Target_2_10:=[[-18.0161,-5.82571,17.3767],[0,-0.534096,0,0.845424],[-1,-1,-2,1],[9E+09,9E+09,9E+09,9E+09,9E+09,9E+09]];
CONST robtarget Target_2_11:=[[-15.3023,-6.9257,22.859],[0,-0.523364,0,0.852109],[-1,-1,-2,1],[9E+09,9E+09,9E+09,9E+09,9E+09,9E+09]];
```

(a) 写入文件中的抛光路径点数据

```
PROC Path_20()
    MoveJ Target_2_1,v10,fine,Tooldata_5\WObj:=Workobject_1;
    MoveL Target_2_2,v10,fine,Tooldata_5\WObj:=Workobject_1;
                        .
                        .
                        .
    MoveL Target_2_10,v10,fine,Tooldata_5\WObj:=Workobject_1;
    MoveL Target_2_11,v10,fine,Tooldata_5\WObj:=Workobject_1;
ENDPROC
```

(b) 机器人抛光程序

图 6.57　离线编程系统生成的抛光机器人程序文件

数据传输，该系统通信架构如图 6.58 所示。

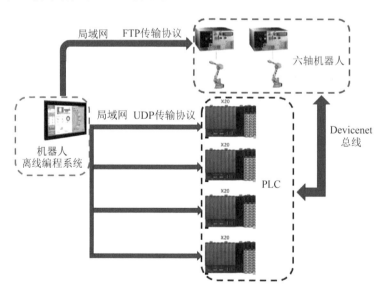

图 6.58　抛光机器人离线编程系统通信架构图

（1）抛光机器人离线编程系统与机器人通信

抛光机器人离线编程系统通过 FTP 传输协议向机器人传输程序文件。FTP 协议主要用来实现计算机组之间的文件传输与资源共享。一般而言,文件传输需使用两个 TCP 进行连接,一个用于基本命令的传送,另一个用于主要数据的传输。它也可以看成是一套完整的文件传输服务系统。作为文件传输的结点,它既可以对文件进行存储,也可以根据用户的 FTP 请求将存储文件及时抓取,并传输给用户,即用户可以通过 FTP 服务器实现文件的下载和使用。

(2) 抛光机器人离线编程系统与 PLC 通信

抛光机器人离线编程系统与 PLC 通信时传输的类型是数据包传输,离线编程系统与 PLC 通过 UDP 传输协议实现数据的交互,如图 6.59 所示。

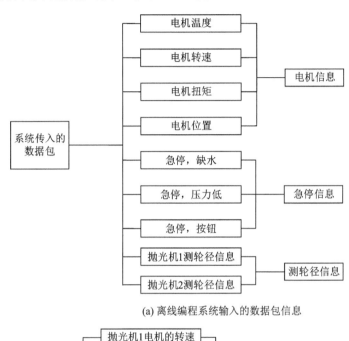

(a) 离线编程系统输入的数据包信息

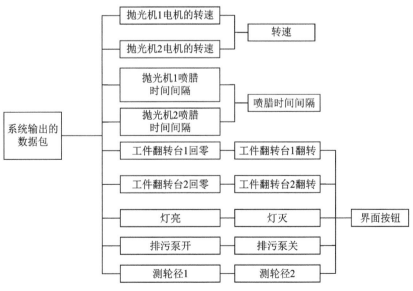

(b) 离线编程系统输出的数据包信息

图 6.59　抛光机器人离线编程系统与 PLC 通信

8. 弹性误差补偿模块

抛光过程中,工件与抛光轮接触,机器人受到法向抛光力 F_n 和切向抛光力 F_t 的作用,同时自身重力在关节 2 和关节 3 产生扭矩 τ_{g2} 和 τ_{g3},抛光力和重力会导致机器人发生弹性变形。采用"转子-扭簧"系统描述机器人柔性关节模型。在求解机器人正运动学和雅可比矩阵基础上,建立机器人的关节刚度模型,使用最小二乘法设计关节刚度辨识算法,辨识机器人的关节刚度。通过建立抛光轮抛光过程的有限元模型,并考虑抛光原理、特点以及对抛光效果的影响规律,最终建立抛光力的预测模型。

对重力和抛光力进行建模之后,可以确定机器人在直角坐标系下某一期望位姿 $X(q)$ 的关节弹性变形 $\Delta\theta$,据此对名义关节角 θ 进行补偿,使补偿后的位姿 $X'(q)$ 更加接近期望位姿 $X(q)$。图 6.60 为考虑机器人弹性变形的机器人轨迹误差补偿的原理图。

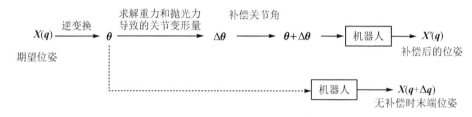

图 6.60 机器人轨迹误差补偿原理图

习　题

6-1　调研 2 或 3 种主要工业机器人使用的编程语言。

6-2　调研并给出一种示教器的硬件和软件组成。

6-3　分析并给出示教编程的优缺点。

6-4　调研一种弧焊机器人示教编程视频。

6-5　调研一种磨抛机器人示教编程视频。

6-6　利用手边的工业机器人示教一段机器人程序,要求机器人末端运动一条门型路径,运动速度可以调节。

6-7　列出离线编程的三个优点。

6-8　已知 STL(STereoLithography)文件使用三角网格表达三维物体的表面,用作离线编程中三维建模的工件格式描述,问:如果要制定一项标准,工件格式中还需要包括哪些信息?

6-9　已知根据 6.2.2 节的离线编程实例,试列出一些在离线编程仿真中可能产生的误差来源。

第7章 机器人应用方案设计

通常机器人应用系统的成本约是机器人单机成本的3～5倍。机器人应用系统常常是多方面工程技术人员合作设计的结果,包括构架、规划、集成和编程等方面的设计内容。机器人应用方案设计是机器人系统成功应用至关重要的环节。本章主要介绍机器人应用方案设计的一般步骤:先明确应用参数,讨论和确定机器人的性能指标要求;接着介绍常用的自动化设备,并考虑控制与安全问题;然后介绍机器人应用方案设计的主要步骤。机器人应用方案设计主要围绕技术需求的具体解决方案开展,是一个反复迭代、逐步修改完善的过程。

7.1 明确应用需求

7.1.1 方案设计的一般要求

为了达到最佳应用效果,每个机器人系统都需要经过一系列的设计计算和反复修改的过程。方案设计的主要目标是在给定的预算和时间内得出机器人系统的详细设计方案并付诸实施。评价应用系统是否成功的主要指标包括期望的生产效率、产品质量和预期经济回报。影响经济回报的因素很多,在方案设计中应该充分考虑。

本章介绍机器人应用方案设计所需的步骤,强调常见误区并指出避免方法。机器人系统的设计与其他系统设计完全不同,**特别值得注意的误区是:不是不知道机器人可以做什么,而是应该知道机器人与人工相比较不可以做什么**。机器人没有人类的智慧和感知能力,因此它们并不能直接替代人进行劳动。机器人方案设计应与机器人系统的性能指标,特别是工艺过程相适应,而**这常常要求改变人工工艺流程以适应机器人流程**。

在机器人系统改造升级中,大多数上下游流程和应用目标已经确定,实施一套新方案的时间成本和经济成本会过高,因此方案设计时需要考虑重复利用还是替换现有的设备。旧设备可能会导致新设备的性能无法发挥,短期的节约也可能会造成长期的损失。同时安装新设备,安全和防护系统也需要升级,以便适应当前安全生产和环境保护标准。

7.1.2 确定应用参数

确定应用参数是机器人系统集成商根据用户需求确定的,往往需要双方反复沟通交流。

方案设计的开始阶段通常首先由用户提出应用参数,一般需要用户提供需求说明书(URS)。说明书主要包括对项目解决方案的要求(如工作对象、生产率、适用标准等)以及客户对项目实施的要求(如项目管理预期、项目时间节点、系统测试等)。制订详细的需求说明书是保证项目成功的前提。

在用户需求说明书中,用户需提供项目管理、设计、生产制造、装配、测试、运输、安装、运行、安全、周边配套、验收标准以及培训和运维要求,一般需要系统集成商协助用户完成用户需求说明书的制订。

本章所说的设计要求是基于理想情况的。在大多数情况下,现场很多信息都是未知的,因此要尽可能多地获得重要信息,同时对未知因素引起的风险要有预案。

1. 确定需求

首先,设计人员需要掌握与产品相关的全部图纸、文档以及工艺流程。

例如,设计机器人焊接方案,设计人员需要确定焊接工艺流程、焊丝的尺寸和类型、焊接气体等。一般应查看实际产品和现有的工艺流程。重要的是要了解在当前工艺流程下产品的变化情况,如产品尺寸、表面质量、粗糙度、洁净度和产品形态等。有时实际情况和关键参数与图纸或文档并非完全对应。

对于不同的机器人应用方案,关键参数的意义有所不同。如:对机器人码垛应用来说,如果用真空吸盘来吸取箱子,那么箱子如何封口就是关键参数;在机器人焊接应用中,零件的预装配流程和夹紧定位设备的选择是十分重要的,因为要靠它们来保证工件定位的准确性和焊缝位置的重复性;在机器人装配时,工件的尺寸公差和表面粗糙度是十分重要的,因为要靠它们保证装配的精度和重复性。

在条件允许的情况下,设计人员应该与一线操作的工人共同商讨设计方案。一线操作人员富有经验,有助于解决很多具体问题,他们所执行的一些操作可能会大大简化设计流程,而这些方法却未必出现在工艺文件或者施工方案中。另外,可能会有若干问题在现场已解决,但并未通知技术管理部门,可能会增加不必要的设计工作。

2. 确定生产效率

需求确定后,就需要确定生产效率、设备轮班周期、每次轮班的时间以及年均工作周数,其目的是确定机器人工作循环时间。

在这个阶段,设计人员需要根据每个机器人单元来确定预期的生产效率,其中包括由于故障、维修等停机时间,据此设计人员可以确定满足生产效率和预期产能的工作循环时间,即:工作循环时间=总生产许用时间÷生产数量×效率因子。一般要求效率因子大于90%,效率因子不能过于保守,否则工作循环时间太短,对系统的要求太高,导致实际成本太高。除了循环时间,设计人员还应该掌握生产所需的操作流程和相关的工艺参数。

7.2 机器人的选型

常用的工业机器人属于标准化产品,终端用户或集成商可以按照需求选择性能和价格适当的机器人产品。

7.2.1 主要性能指标

机器人的轴数和构型对机器人性能有着显著影响,正如第3章3.1节所述,某种机器人构型可能更加适用于特定的场合,例如SCARA型机器人特别适用于高速和高重复性的装配任务中。

在特定的应用场景下,专用机器人比通用机器人具有更高的生产效率,但是定制和开发专用机器人需要较多的技术成本和时间成本。一般是根据机器人主要性能特征,从不同的机器人制造商中选择符合应用需求的机器人型号。

除了机器人的轴数和构型之外,机器人的主要性能特征由如下4个参数确定:负载能力、重复性、工作空间、速度。

1. 负载能力

负载能力通常是指机器人手腕的工具安装位置的法兰所能承受的最大载荷。在该载荷作用下,机器人还要达到其他指标,如重复性、速度以及运行可靠性等。需要注意的是负载能力与载荷重心位置与工具安装法兰的偏距有关,如图 7.1 所示。当偏距增加时,有效载荷量会减少。

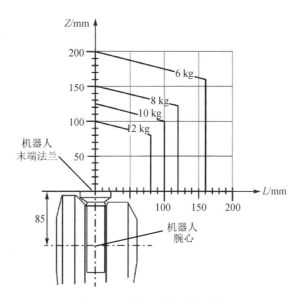

图 7.1 机器人有效负载曲线

2. 重复性

重复性是指多次到达同一位置的误差。比如给定机器人 J1 轴转动到 100°的位置,反复多次转动会在名义位置 100°附近形成一个误差带,这个误差带的宽度就是重复性。重复性是机器人非常重要的性能指标。

机器人的重复性通常是指点的重复性(RP),某些情况下也需要考虑轨迹的重复性(RT)。点的重复性针对点焊、装配等类型的作业;轨迹的重复性针对弧焊、涂胶等连续运动的作业。

值得注意的是,尽管机器人具有较高的重复精度,但通常不指明机器人的绝对精度。这是因为机器人的使用方式不同于数控机床,通常并不要求机器人精确运动到某个指定的位置,但是会要求机器人重复达到某个设定的位置,比如要求码垛机器人总是重复运动到同一个抓取点。

机器人重复位置精度(RP)和机器人重复路径精度(RT)定义的详细说明和试验方法请参见国家标准 GB/T 12642—2013 / ISO 9283—1998 工业机器人性能规范及其试验方法。例如 ABB IRB 4600 机器人的重复位置精度为 0.05~0.06 mm,重复路径精度为 0.13~0.46 mm。重复路径精度还与机器人的运动速度有关。

3. 工作空间

工作空间的中心点和可达半径的原点通常定义在机器人手腕中心。对于一个 6 轴的机器人来说,一般是指第 5 轴的中心,工作空间通常用侧视图和俯视图(平面图)展示,如第 3 章

图 3.2 所示。机器人工作时应能够到达工作空间内的任何点。值得注意的是,一般在工作空间的边界存在奇异点,有时在工作空间内部也存在奇异点。当机器人达到奇异点附近时,机器人运动能力(性能指标)会下降,因此不应让机器人工作在奇异点或奇异点附近。

4. 速　度

机器人的速度指标通常指每个轴可以达到的最高速度。在许多情况下机器人运动的距离很短,往往不需要机器人加速到最大速度。然而,机器人的最大速度会影响工作循环时间。比如 SCARA 机器人和并联机器人的门型测试规范(见第 3 章 3.1.2 节)已经成为衡量机器人速度的标准。

需要说明的是,速度与轨迹重复性存在相关性。如果机器人通过一个直角的拐角(顶点),机器人速度在拐点为零。如果速度不为零,机器人就会绕拐角做圆弧运动,轨迹就会出现误差,这种误差会随着速度的提高而增加。有些机器人在应用中要求严格控制该误差,比如机器人涂胶或者弧焊等连续轨迹的作业任务。

7.2.2　机器人选型的一般原则

机器人的选型(机器人性能指标的选择)决定于特定的应用需求。比如机器人加工作业,机器人抓持的是工件还是工具,对机器人的负载能力要求是不同的。选择机器人的性能指标还与周边配套设备以及总体成本有关。

机器人的选型过程通常是反复进行的,需要考虑大量不同的方案才能确定最终方案。机器人性能指标通常以数据表的形式给出。许多技术参数是相关的,因此选型时通常需要对各种机器人的性能指标进行综合比较。比如机器人构型决定了工作空间的形状,而机器人安装位置又决定了对机器人工作空间的要求。

在机器人选型过程中,通常需要考虑很多因素,最终做出一个综合选择。比如通常需要综合考虑机器人的可达范围、负载能力以及重复性等多种因素作为选型的基本要求,而且整个方案的成本和可行性也是非常重要的因素。

机器人主要规格和性能指标如下。

(1) 构　型

通常以图示给出,例如关节型、SCARA 型或者直角坐标型机器人。

(2) 轴　数

关节(自由度)数目。

(3) 可达半径

一般在机器人说明书的工作空间图示中标出或说明。一般有几个不同方向的图示,用来说明不同方向的可达半径,见第 3 章图 3.2。

(4) 工作空间

通常用侧视图和俯视图来表示,见第 3 章图 3.2。

(5) 负　载

机器人手腕的最大负载能力。负载能力与载荷重心位置与工具安装法兰的偏距有关(见图 7.1),一般以图示给出。通常机器人的大臂和小臂(第 2 轴和第 3 轴)具有增加额外负载的能力。

（6）点和轨迹的重复性

通常给出点的重复性，很少给出轨迹的重复性。

（7）轴的转动范围和速度

通常指明每根轴的转动角度范围和最大转动速度。

（8）机器人安装特性

除了正装，指明机器人是否可以侧装或倒挂安装。

（9）尺寸和重量

机器人整体的外廓尺寸和底座尺寸（见第 3 章图 3.2），机器人本体重量。

（10）防护和环保

标准机器人的 IP 等级，也可能会有其他特定选项，比如洁净室（针对电子行业）、冲洗（针对食物行业）、铸造（针对高温、污染场合）等要求。

（11）电气要求

供电电压、电流、功率等。

除了机器人本体，机器人控制器的性能也很重要，一般由单独的数据表来给出。控制器的性能指标主要与机器人的轴数以及界面交互功能有关。表 7.1 为 IRB 4400/60 型工业机器人的性能数据。图 7.2 所示为 IRB 4400/60 型工业机器人工作空间与负载。

表 7.1　IRB 4400/60 型工业机器人性能数据

机　型	工作半径	有效载荷	标　准
IRB 4400/60	1.96m	60 kg	×
材料工艺	附加载荷第 2 轴	附加载荷第 3 轴	附加载荷第 4 轴
铸造	35 kg	15 kg	0～5 kg
轴数（机器人本体）	外部轴设备	重复定位精度	速度为 1.6 m/s 时的重复路径精度
6	6	0.19 mm	0.56 mm
集成信号源		集成气源	
23 路信号，小臂 10 路动力信号		小臂气压最高 8 bar	
轴	工作范围		最大速度
1. C 旋转	轴 1：+165°～−165°		轴 1：150(°)/s
2. B 手臂	轴 2：+96°～−70°		轴 2：120(°)/s
3. A 手臂	轴 3：+65°～−60°		轴 3：120(°)/s
4. D 手腕	轴 4：+200°～−200°		轴 4：225(°)/s
5. E 弯曲	轴 5：+120°～−120°		轴 5：250(°)/s
6. P 回旋	轴 6：+400°～−400°		轴 6：330°/s
电源电压	额定功率（变压器额定值）	机器人安装方式	尺寸（机器人底座）
200～600 V (50/60 Hz)	7.8 kV·A	落地式	920 mm×640 mm

质量(机器人本体)	环境温度(机器人本体)	相对湿度	防护等级标准
1 040 kg	5~45 ℃	最高 95%	IP 54(IP 67,耐高压蒸汽清洗)
噪声水平	辐射	安全	
最高 70 dB	EMC/EMI 屏蔽	带监控、急停和安全功能的双回路,3 位启停装置	

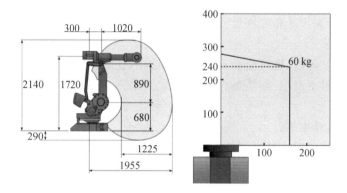

图 7.2　IRB 4400/60 型工业机器人工作空间与负载(单位:mm)

7.3　周边配套设备

除了机器人以外,一套完整的机器人系统还包括很多配套设备。本节主要介绍最常用的配套设备,包括输送和喂料系统、视觉系统、夹持器、工具转换器以及工具和夹具等;此外,还介绍机器人系统控制所需要的基本要求,包括网络、人机接口等;最后介绍机器人系统基本的安全与保护原则。

由于不同行业对机器人系统的要求迥然不同,因此对其配套设备的要求也是千差万别、种类繁多。这里针对机器人在工业领域应用的共性问题进行归纳,以指导周边配套设备的设计和选型。

7.3.1　输送设备

为了提高生产效率,要求与机器人系统配套的输送设备在规定的时间将原材料或待加工件准确无误地运送到加工或操作位置。繁琐杂乱的存放、低劣的库存管理、重复输送、物料损伤、设备空转等都会降低生产效率,增加成本。

如果输送系统出了问题,上料和下料就无法正常运行,从而会严重影响机器人系统的整体工作性能。生产中常用的输送设备有输送机、AGV 和供料装置等。

1. 输送机

输送机适用于大量物品的输送,同时可以提供临时的存储空间(缓存)。输送机可视物品的传输位置、可用空间或操作通道布置在地面或空中。输送机的运动有连续式和间歇式两种。

输送机的种类有带式、链式和滚筒式等,参见第 4 章图 4.12 所示的输送设备。带式输送机适用于轻量单一物品的高速输送,且适用于清洁度要求较高的行业,比如食品行业。但一般只能完成直线运动。链式输送机适用于较重的物品的输送,速度较低,比如托盘的输送或挂具的传送。滚筒输送机适用于体积和重量适中的物品,例如纸板箱,常用来向码垛机器人或存储系统输送包装好的物品。

2. 自动引导车(AGV)

自动引导车适用于离散物料的输送,能够减少对厂地面积的占用。

虽然 AGV 的适应性好,运动路径变换灵活,但是输送效率远低于输送机,且输送物料的体积和重量也很有限。

固定路径引导方式或半固定路径引导方式的 AGV 不便进行系统改装或扩展。无路径引导方式(自主引导方式)的 AGV 便于系统改装或扩展,适应性和灵活性好。

AGV 通常和其他设备(如叉车和工人等)在同一区域工作,因此对安全防护系统的要求较高。

3. 供料装置

喂料机可以高频率地接受散装、朝向随机的零件(如螺丝和铆钉),且可以对零件进行分类,然后以预定的朝向输送到预定位置。最常用的设备就是振动喂料机,据统计它完成了自动化装配系统中近 80% 的喂料任务。

零件设计形式对喂料机有重要影响,进而影响喂料机的成本。如果零部件在几何上对称,则可减小分类工作量。如果零部件的不对称结构非常明显,则可以利用重力对零部件进行分类。封闭形式的零部件可以减少零部件之间的纠缠现象,大大简化分类难度。

喂料机一般分为振动喂料机、线性喂料机、气吹式喂料机、子弹带式喂料机和存储式喂料机。其中,振动喂料机的应用最为广泛。

振动喂料机(见图 7.3)由一个通过电磁铁产生振动的料斗组成。零件在料斗的振动下通过一条沿料斗内壁盘旋的螺旋轨道从底部依次上

图 7.3 振动喂料机

升到顶部,顶部出口的选择器保证只有正确朝向的零部件才能从出口送出,而朝向不正确的零部件会落回料斗重新循环。螺旋线的梯度恰好能够保证零部件沿着轨道上升,而选择器可以根据零部件的形状和重心进行分类,这些设计很大程度上源自经验。振动喂料机能够处理从小型到中型的各种零部件,适用范围广,价格低廉。其缺点是:不能处理纠缠在一起的零部件,比如弹簧。

7.3.2 视觉系统

机器视觉系统是通过图像摄取装置(CMOS 和 CCD)将真实图景的影像转换成图像信号,传送给专用的图像处理系统。图像处理系统根据被摄目标图像的像素分布、亮度、颜色等信息,将其转变成数字信号,对这些信号进行各种运算,抽取目标特征,进而根据判别的结果来控制各种设备动作。机器视觉技术的特点是速度快、信息量大,可在可见光谱之外工作。该项技术涉及人工智能、计算机科学、图像处理、模式识别等诸多领域的交叉学科。

机器视觉适用于零件辨识、寻找位置、检测和测量,通常被应用于高速生产线上的监测、微观监测和闭环流程控制等各种生产环境下,如洁净空间和危险环境,也可以应用于精确的非接触测量和机器人的引导。

典型的视觉系统包括摄像机、光源、图像处理硬件和软件。软件专门用于图像分析。

视觉系统的主要任务:获取图像、处理图形数据、提取所需要的信息。

摄像机的关键参数是视场、景深、焦距和分辨率。

照明和光源是获取图像的关键因素,目的是突出物体的重要特征。光源有普通光源、结构光和偏振光光源。应尽量减少环境光线的变化对视觉系统的影响。

突出重要特征或从影像中除去无关信息,可显著降低图像处理的复杂度和时间,提高可靠性。黑色物体采用白色传送带可提高颜色的反差,以提高物体识别的准确率。物体的背景对于区分零件很重要,背光照明将有助于零件的定位和测量。

视觉系统广泛应用在机器人包装生产线上,视觉系统可以跟踪包装作业的全过程,判断由哪台机器人完成拾取操作,以便平衡各台机器人的工作负担。

视觉系统可以应用于质量控制,通过检查物品的尺寸、形状、颜色等判别产品是否合格。视觉系统应用于装配作业,可以检查零件的组装过程,判别装配位置是否正确,装配的产品是否合格。

视觉还能被用来读取标签上的字符或是提供产品识别的条形码。例如,码放系统可以利用视觉系统识别物品上的标签或条形码,将物品放在相应的码放托盘上。

7.3.3 工艺设备

机器人系统作业可以分为两类:用于装配、输送等搬运型操作;自动加工作业,如焊接、涂装、粘接、切削和磨抛等。无论是装配作业还是加工作业,都需要工艺设备与机器人系统紧密结合。本章仅讨论机器人应用于这些工艺过程中所要考虑的一些关键问题。

7.3.4 抓手和工具转换器

对于装配、上下料、搬运、码垛、分拣等应用,抓手是系统中最重要的部件。虽然类似于人手的智能抓手正在研究开发中,但目前大多数工业自动化应用都不需要灵巧抓手。

(1) 抓手(末端执行器)

各种抓手的形式见第 4 章 4.1.1 节。最常用的是标准的两爪抓手(见第 4 章图 4.3)。标准化的抓手模块可以直接按照产品目录选用,用户只需要设计与被夹零件相适应的抓指。

(2) 工具转换器

同一台机器人上不便安装多种抓手的情况下,可以采用工具转换器(见第 3 章图 3.15)。工具转换器一般是标准化产品,可以直接按照产品目录选用,转换器上一般还有电、气和信号转换的接口。

7.3.5 夹具与工装

夹具与工装是用来固定零件,并保证零件被放在可重复抓放的位置,从而保证机器人的重复性操作。

弧焊夹具要求满足零件上焊缝形状和位置的一致性,尤其要确保零件的重要尺寸,因此弧焊对夹具的精度要求很高。此外,夹具必须方便零件的装载和卸载,尤其是零件会在焊接过程中受热膨胀,且不会很快冷却,因此夹具需要确保零件受热变形时仍然能够顺利卸下来。同时设计时还要考虑到给夹钳开闭留出空间,参见第 4 章 4.2.3 节。

要兼顾手动、半自动、自动控制夹具开闭的快速性和可靠性之间的矛盾,必要时可以在夹具上安装传感器。

有些作业需要夹具对工件施加一定的夹紧力,以保证零件被可靠固定,不会因切削力作用而改变位置,比如机器人铣削或磨抛作业。

要控制夹紧力大小,既不损伤零件表面,又不使夹具很快磨损,比如铜材有助于焊接零件的散热,可减少焊渣沾到夹具上,但磨损较快;工程塑料耐磨性好,但不耐热。

可以通过定位销将夹具或工装固定在机器人系统中,这样夹具或工装能够被快速替换。在更换夹具或工装时,机器人不需要重新编程。夹具或工装的设计还要考虑到存储方便。

当产品批量小、变换频繁时,夹具和工装通常在机器人系统中的成本占很大比例(设计制造费用高),因此需要综合考虑夹具和工装的投资产出比。如何简化夹具和工装的设计,提高其通用性,是夹具和工装设计中的关键问题,既需要高水平的设计能力,又需要丰富的工程经验。

7.3.6　系统控制

自动化系统的主要功能如下:

① 整体控制各单元或系统间的操作任务,确保按计划和正确的顺序运行;

② 给更高层次的控制系统(比如工厂制造执行系统 MES)提供有关操作单元或操作系统的数据;

③ 发生故障或产生错误信息时,提供识别信息和修复故障的指导;

④ 安全保护,保证操作单元或操作系统安全运行。

早期的顺序控制是采用大量的继电器构成的硬逻辑来实现的,这种控制系统结构复杂,维修困难,难以升级。20 世纪 60 年代末期出现了可编程逻辑控制器(PLC),PLC 使用易于理解的梯形图进行程序编辑。如今,PLC 已从只有几个数字输入/输出(I/O)的微单元发展到可以处理数以百计的数字 I/O、模拟量 I/O 和网络接口,例如现场总线和以太网。

典型的 PLC 控制系统通过人机接口(HMI)为操作者提供信息。HMI 包括一个显示器,通过图形化单元显示设备工作状态和生产过程信息。PLC 控制系统还有系统检查功能,可以发现故障,实时调整工艺流程和工艺参数。HMI 也可以提供整体控制,如开始、停止、重启等功能。

机器人也能提供 PLC 同样的功能,但是需要用户具备使用机器人的能力。对于多台机器人组成的系统,PLC 一般用来作为整体控制,并将机器人控制与整体控制分开。

在机器人系统的底层,不同类型的设备通过数字 I/O 与 PLC 相连接。最常见的数字 I/O 是传感器信号,这些信号用于检查系统的运行结果,如输送机的工件信息、夹具上工件的装夹信息等。

机器人还能与 PLC 通信,机器人向 PLC 发送执行程序信息,以及等待 PLC 传来的信息。

远程 I/O 模块可安装在夹具上,实现传感器和执行机构与 PLC 或机器人控制器的通信。

机器人和 PLC 都附带 16 位输入和 16 位输出的 I/O 模块,但是离散 I/O 会在系统中引入大量的信号,导致系统过于复杂,检修困难,且设备成本很高。

控制系统同样应用于安全保护的监测与系统维护。

控制系统是自动化系统的核心,其软件的逻辑性以及检查和纠错功能是很重要的。目前许多用户和集成商对软件的开发提出了标准,以便用户更容易掌握软件的使用。

更大规模的控制系统需要采用网络连接,网络为设备的连接定义了标准,保证了不同设备间的兼容性。最早的工业网络是通用汽车公司于1982年提出制造自动化协议(MAP)。从那时起,各种各样的网络被定义和启用,如现场总线和以太网等。

典型的三层网络:

设备层——一个直接将低层设备与工厂的控制器相连、消除I/O模块硬接线的总线系统。

控制层——一个连接自动化系统或生产车间中各种机器的高级网络,包括机器人、机床、HMI和PLC等。

以太网——一个能够快速交换PLC、监控系统和数据采集系统与工厂MES间的大量信息的标准信息网络,能为工厂提供自动化系统全过程的通信和控制。

网络的每一层以及相关设备都遵从规定的标准。

7.3.7　安全防护

安全系统的功能是保证操作者不会在操作或维护自动化系统时受到伤害。

国家标准和行业标准对机器人系统的安全防护已作了明确规定,但这些标准并不是详细具体的表述,还需要供应商针对实际情况进行风险评估,包括对操作者、维修调试人员以及其他相关人员。

机器人系统防护措施一般是在系统周围安装固定式防护装置,防护栏通常高2 m,防护板可以是金属薄板、金属网、有机玻璃或塑料板。

防护板的选择:对于电弧焊,可以使用金属薄板或金属网,特点是造价低。在洁净环境中可以使用塑料板,但易老化。激光焊接作业应在密闭的机房内,内壁必须全部贴附感光板,当激光照射到感光板时,防护系统可以关闭激光,以防激光穿透防护板。

防护栏的通道门与控制系统是互锁的,在通道门开启的情况下,机器人系统不能工作。但往往需要在通道门打开时为机器人系统提供动力(气源、电源等),一般采用密钥。进入系统的人员将一把机械钥匙插入门锁中,然后打开第二把钥匙,使门保持开放,第二把钥匙可以取下放到一个保险箱内。密匙复位,系统才可以进行外部操作。

对于多台机器人系统,可能有多名人员进入多个通道门,此时必须保证还有人在系统内时,系统不能工作。可以为每个工作人员配备一把钥匙。

机器人系统中,零件进出的通道应装有防护门、光栅、区域扫描等防护装置。防护门开闭可以通过自动控制或人工操作。防护门关闭时不能夹住操作者;防护门打开时,如果有人进入系统应立刻停机。

防护门一般用在机器人工作台、夹具或变位机上;光栅一般用在较大通道的场合或者不方便使用防护门的情况。

防护的安全距离是要保证人员在进入或触及危险区域之前使系统停机。

区域扫描防护是采用扫描传感器对传感器前的区域进行扫描,在扫描范围内接收物体反射回来的信号,根据信号变化,判断系统是否需要停机。在传感器扫描范围内可以定义两个区域,操作者进入第一个区域时,机器人慢速运行;进入第二个区域时,机器人在安全模式下停止运行,但并不是紧急停止,一旦操作者离开该区域,机器人便会返回之前的工作模式。

另一种情况是允许零件自动出入系统,同时防止人员进入工作区域。比如机器人码垛系统,可以设置门形通道,使包装箱和托盘能够通过输送机进出系统,同时不足以让人进入,且应保证外面的人与里面的系统无法接触。

对于托盘的防护,可以设置内外光栅的隔离方式。当托盘从系统中向外输送时,内层光栅断开允许托盘通过,当托盘到达外层光栅时,外层光栅断开,内层光栅迅速启动,直到托盘完全离开系统时外层光栅再次启动。因此,系统在任何时间都可以受到保护。

HMI 在发生故障的时候可帮助维修人员快速实现故障定位。方案设计时应仔细考虑控制面板的位置、PLC 的安装以及 HMI 的位置和数量。

安全防护培训对于维修调试人员尤其重要,需要对他们进行合理的培训,了解安全系统的功能,保证他们可以正确操作设备。

7.4　机器人应用方案设计的主要步骤

7.4.1　初步方案设计

初步方案设计的技术依据主要来自两个方面:一是早期累积的设计经验;二是对应用对象的详细研究。如果已经有类似的应用做参照,设计人员可以据此列出可行方案的提纲。方案设计是一个反复迭代的过程,如果有方案提纲作为参照可以简化设计过程。应围绕应用对象来考虑方案设计,并确定初始方案。本节对方案设计过程提出指导性建议,并介绍常见机器人应用(码垛、机床上下料、包装、弧焊、点焊、喷涂、磨抛等)的设计方法和一般注意事项。

通过初步方案设计得出机器人系统布局图、机器人选型和周边配套设备的方案。

7.4.2　测试与仿真

在方案设计的过程中,设计人员需要对所提的解决方案进行测试,以验证其是否满足预期的目标。可以利用可借鉴的实际方案进行测试,也可以利用仿真手段模拟机器人的可达性和工作节拍。测试条件要与真实情况尽可能一致。例如,对焊接系统进行测试,可以使用推荐的焊接设备在现场对工件进行焊接,直接验证方案的可行性。如果系统中还包括变位机,使用真实的变位机做测试就没有必要了,可以进行仿真测试。对于夹具和工装,除非已有相关产品,否则很难进行实际测试,通常应根据研发人员的经验进行适当的测试。一般来说,机器人应用(比如机器人焊接)的测试就是为了向订购方证明方案的可行性。

应用测试通常包括若干简单的试验。对于机器人切割,设计者需要通过试验来确定切割速度,为工作循环周期提供依据。对于搬运操作,特别是非常规件的搬运操作,测试是为了证明夹持器的可靠性。如果带包装的物品之前未经机器人搬运过,也需要做类似试验,这类试验有利于夹持器的设计。因此,在夹具方案最终确定之前,需要进行大量的反复试验。

工业机器人仿真系统如图 7.4 所示。设计人员可以使用仿真进行测试验证,可把仿真作为上述试验的补充或替代方案。仿真试验可以在较低的成本条件下进行相对较细致的研究。

仿真主要有以下两种形式：一是机器人和相关设备的运动学仿真；二是离散事件仿真。离散事件仿真通常用于生产过程，包括核对生产率和相关的自动化操作。这两种仿真形式都有标准的软件包，系统供应商和最终用户可以利用这些软件包进行方案的研发和测试。第 6 章 6.2 节讨论了离线编程与仿真系统。

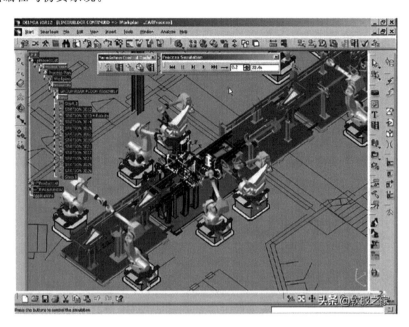

图 7.4　工业机器人仿真系统

工业机器人仿真可用于机器人系统的三维建模，如图 7.5 所示。可从模型库中导入机器人、工具、夹具和工装、变位机等模型。工件的 3D 模型和特殊设备模型也可以导入。这样就

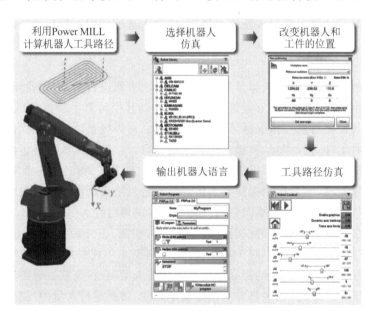

图 7.5　根据 Delcam 的 PowerMill 软件自带的机器人模块建立的工作流程

可以利用库中的机器人模拟任务,进行工作循环仿真,同时还可以检查机器人的工作范围以及工作单元是否有碰撞发生。仿真还可以用来估计工作循环时间,对不同类型的机器人方案进行比较,添加防护等辅助设施。仿真可以提供系统完整的 3D 模型,3D 模型可以直观展示系统的运行过程,这在方案论证时非常有用。仿真软件还可以直接输出机器人程序,节约编程和调试的时间。可以采用离线编程软件进行运动学仿真,见 6.2 节。

离散事件仿真是一种黑箱测试技术,系统内的每一项操作都可以看作一个黑箱,见图 7.6。仿真模型有输入、输出、循环时间、每个操作的效率、资源需求以及与其他操作的交互。离散事件仿真不是对机器人单元进行仿真,它可建立完整的系统模型,用于寻找技术瓶颈,确定改变操作或资源带来的影响,是否需要引入新设备,了解特定操作停机时间的影响等。离散事件仿真通常用于确认系统的备选方案、设备和相关资源。操作人员可以假设任何情况进行仿真,特别适合于方案设计阶段,尤其是大型复杂系统。

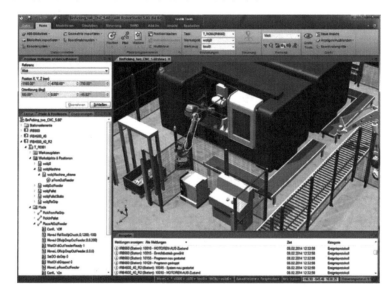

图 7.6　机器人编程环境中的离散时间仿真

实验和仿真都有利于方案设计,特别是运动学仿真工具,已经被自动化系统集成商广泛用于方案设计。这是因为仿真可以提供各种意想不到的信息,也可以降低项目风险。

7.4.3　详细方案设计

根据工艺需求、待加工工件和所需的生产效率,设计人员在完成初始方案设计后,需要对初始方案进行细化和改进后,才能确定最终设计方案。通常会对初始方案进行多次改进、反复迭代,以使最终设计方案具有较高的可行性和较好的技术经济性。确定最终设计方案之前应考虑以下几个要素。

1. 系统的柔性

柔性不仅关系到当前的系统要求,更关系到系统未来的使用情况。在实际生产中往往可能需要改变生产率、批量大小以及产品型号,设计人员可以设计出柔性很高的方案,特别是采用机器人作业的方案。如果前期设计使用柔性较大的机器人,那么前期成本可能较高,但是后期成本相对较低。如果前期大量使用专用设备,那么前期成本较低,但是后期投资可能较高。

所以,设计人员需要在系统柔性和成本之间权衡。

2. 不同产品的变换时间

不同产品的变换时间与系统的柔性有关。例如,焊接系统的夹具可能需要更换,或者机器人搬运系统的抓手需要更换。如果产品变换比较频繁,那么应采取自动方式,比如为抓手设计自动工具更换装置,或者使用带夹具快换功能的装置。如果产品批量大,产品变化不频繁,可以采用人工转换方式。自动变换方式成本高;人工转换虽成本较低,但更换时间较长。

3. 机器人的数量及利用率

一般应使系统中每一个机器人都能得到充分利用。但是在多机器人系统执行某一项特定任务时,可能某些机器人利用较充分而其余机器人比较空闲。当多机器人系统执行相同或相似任务时,需要在机器人之间平衡任务量。

在有些情况下,虽然某些机器人没有被充分使用,但是由此增加的系统柔性从总体上看也是较好的方案。

4. 产品的上线和下线(上下料)

如果需要人工进行产品上线和下线,要注意所搬运工件的尺寸和重量以及与机器人交互的安全性。

如果要用人工对笨重的工件进行搬运,就要为起重装置预留通道。如果是大批量工件上线和下线,则需要设计配套的移载和存贮设施。

应注意人工搬运时间对机器人系统生产能力的影响,并预留人工作业通道。

5. 维修导致的停机时间

如果某个特定的设备需要经常维护,就要预留快速安全的维护作业通道,否则就会使停机时间过长。例如,点焊钳需要经常更换电极,为此就要设置专门的维修通道,便于快速作业。

6. 维修通道对系统设计的影响

操作人员通道、工件上线和下线通道、维修通道等都会对整体系统的设计产生影响。设计时,不仅要考虑地面面积,还需要考虑高度空间或其他不可移动设备的位置。系统布局和构型还会受到系统外部因素的影响。

7. 系统的整体效率与系统内单元的效率

设计时需要考虑系统整体效率能否达到预定的生产能力以及单元效率对系统整体效率的影响等问题。如果某个设备的效率低于系统中其他设备的效率,就要考虑增加工位数或设置缓冲区。在上线和下线工位设置缓冲区,可以在不增加额外设备的情况下保证生产的连续性。

8. 系统成本

节省成本是方案设计阶段的重要问题。如前所述,系统的柔性会对系统成本造成很大影响。要兼顾自动化作业与人工作业对成本的影响。

对于比较复杂的系统,可能有很多备选方案。例如,在弧焊系统中,设计人员会发现决定系统成本高低的因素主要是在工艺设备的选择上,即设备是否可以适应工件种类的多样性,为此可以通过工艺设备的合理布局,减少工件种类的变化,从而减少设备成本。

机器人应用方案设计是一个反复迭代不断改进的过程。为考虑到所有潜在因素,选择最优的设计方案,需要广泛听取意见和建议,甚至要考虑到机器人系统以外的诸多问题。总之,设计人员应秉持简化设计的原则,简单的设计往往意味着最低的成本、更高的可靠性和最简单的操作性。

习　题

7-1　简述机器人方案设计的一般要求。

7-2　简述机器人选型的一般原则。

7-3　调研 1 或 2 种机器人应用系统,要求列出周边配套设备及其主要技术参数。

7-4　调研并给出 2 或 3 种机器人安全防护的主要措施。

7-5　简述机器人应用方案设计的主要步骤。

第8章　机器人使用与维护

机器人是一套复杂精密的机电系统,只有正确地使用和维护机器人,才能保证机器人的负载能力、运动速度和定位精度等关键指标稳定可靠。本章主要从机器人安装、零点标定、维护、常见故障、备品备件5个方面介绍机器人使用与维护的基本知识和要求。

8.1　机器人安装

8.1.1　安装使用机器人的安全注意事项

➤ 安装前需要确定机器人工作的安全区域;

➤ 安装保护措施或者围栏,用来把操作者限制在机器人的工作范围外(在相关区域安放"闲人止步""闲人免入""高压危险"等标识);

➤ 机器人上方不能有悬挂物,以防掉落砸坏机器人等设备;

➤ 拆分机器人时,注意机器人上可能掉落的零件砸伤人员;

➤ 维修机器人时,小心被电控柜内高温元器件烫伤;

➤ 维修机器人时,不要攀爬机器人,以防摔落;

➤ 严禁外力扳动机器人各关节;

➤ 严禁倚靠电控柜,或者随意触动按钮,以防机器人产生异常动作,引起人身伤害或者设备损坏;

➤ 给减速箱加注润滑脂之前,必须遵守表8.1中的安全要求。

表8.1　使用维护机器人的安全注意事项

安全风险	具体描述	预防措施
高温部件	伺服电机和减速箱在长时间运转后会产生高温,触摸这些部件容易被烫伤	① 用手触摸这些部件前先用手靠近这些部件感受部件的温度,以防烫伤; ② 在停机后等待足够长的时间,让高温部件冷却下来再进行维修等工作
拆除某些部件容易造成机器人的倾覆	采取某些必要措施保证在移除某些零部件时机器人不至于倾覆(比如拆除2轴电机时需要对大臂和小臂固定,以防机器人倾覆或滑落)	使用辅助装置使内部的活动零件不要脱离它原来的位置
减速箱容易在过大的外力作用下损坏	在拆分和安装电机、减速箱时,减速箱容易在过大的外力下损坏	规范执行维修操作步骤,严禁对减速机施加过大的外力

➤ 关于气压安全的注意事项:在关闭气源后,气路系统中仍然保留一定气压,在维修气路元件前,需要释放气路中的气压,以免对人体造成伤害;

> 注意防火安全,在现场需要放置警示牌和二氧化碳灭火器,以防机器人系统失火。

8.1.2　首次安装机器人

> 只能由有资质的人员安装机器人,安装规程必须符合当地的法律法规;
> 拆开机器人包装箱,从外观上查看部件是否有损坏;
> 确保安装机器人时吊装设备能承受吊装机器人的重量;
> 安装固定机器人的环境条件必须符合机器人说明书规定的安装、存放条件;
> 安装机器人的操作和注意事项见表 8.2;
> 机器人本体安装完毕后,连接本体和电控柜的电缆,即可进行整机通电调试工作。

表 8.2　安装机器人的操作和注意事项

操　作	注意事项
叉车插入机器人底座的起装孔中,将机器人移到安装位置	在叉车装载和搬运时要防止机器人倾倒
使用指定规格的螺栓将机器人与底座固定	

8.2　机器人零点标定

8.2.1　零点标定

零点标定的目的是获得对应于机械零位的编码器信息,使机器人的实际零点位置和理论零点位置一致。通常机器人示教器上设置有零点标定的功能,具体操作步骤见 8.2.4 节。

零点标定是机器人在出厂前完成的。在日常操作中,没有必要执行零位校对操作。但是,在下述情况下需要执行零点标定操作:

> 更换电机;
> 更换脉冲编码器;
> 更换减速机;
> 更换电缆;
> 机器人中用于脉冲计数备份的电池电量用完。

8.2.2　零点标定方法

以串联型关节机器人为例,零点标定方法有三种:

第一种,使用**零点标定仪表**确定各关节零点。通过精加工保证机器人每个轴上 V 型槽和仪表安装定位孔的准确位置,将零点标定仪安装到定位孔上,通过仪表找到 V 型槽的顶点,从而找到关节零点的准确位置。

第二种,使用**零标轴**装置确定各关节零点。通过精加工保证机器人每个轴上两个零标孔的准确位置,再使用零标轴对齐两个零标孔,从而找到关节零点的准确位置。

第三种,使用机器人上的**刻度线**确定各关节零点。通过精加工保证机器人每个轴上刻度线的位置,采用目视或者使用直尺对齐刻度线,从而找到关节零点的位置。

8.2.3 零点标定的步骤

以串联型关节机器人为例,零点标定步骤如下:

① 目测半圆槽的位置,将机器人关节位置粗调至零点位置附近;

② 打表校准零点,利用零点标定仪表精确找到关节零点位置,如图 8.1 所示。

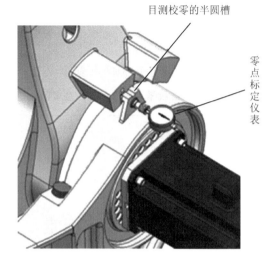

图 8.1 利用零点标定仪表确定关节零点位置

8.2.4 零点标定的操作

1. 采用零标仪标定

通过示教器把机器人关节速度调整到最大速度的 5％,转动关节,直到关节上两处圆孔基本对齐;停机后,将零标仪安装到仪表安装孔上,把机器人关节速度调整到最大速度的 2％,左右转动关节,查看千分表上读数,以千分表上指针最小读数的位置为关节的零点位置。

按照上述步骤依次找到 6 个关节的零点位置,然后在示教器中执行 RefRobotAxis() 指令。

2. 采用刻度线标定

通过示教器将机器人关节速度调整到最大速度的 2％,转动关节,直到关节上两处零标线完全对齐。

按照上述步骤依次找到各个关节的零点位置,然后在示教器中执行 RefRobotAxis() 指令。

8.3 机器人维护

注意:在机器人未断电之前,不要进行任何维护工作。

8.3.1 每日检查项目

每日检查项目包括泄露检查、异响检查、干涉检查、风冷检查和附件检查等,见表 8.3。

表 8.3 每日检查项目

序 号	检查项目		检查要点
1	操作人员	开机点动检查	泄漏检查	检查三联件、气管、接头等元件有无泄漏
2			异响检查	检查各传动机构是否有异常噪声
3			干涉检查	检查各传动机构是否运转平稳,有无异常抖动
4			风冷检查	检查控制柜后的风扇是否通风顺畅
5			外围波纹管附件检查	是否完整齐全,有无磨损,有无锈蚀
6			外围电气附件检查	检查机器人外部线路连接是否正常,有无破损,按钮是否正常

8.3.2 季度检查项目

季度检查包括控制单元电缆、通风单元、本体电缆、清理部件和外部螺钉等,见表 8.4。

表 8.4 季度检查项目

序 号	检查项目	检查要点
1	控制单元电缆	检查示教器电缆是否存在扭曲、破损
2	控制单元的通风单元	如果通风单元脏污,切断电源,清理通风单元
3	机械本体中的电缆	检查机械本体插座是否损坏、弯曲,是否异常,检查电机航插是否连接可靠
4	清理检查每个部件	清理每一个部件,检查部件是否存在问题
5	上紧外部螺钉	上紧末端执行器螺钉以及外部主要螺钉

8.3.3 年度检查项目

年度检查包括编码器电池、更换润滑脂等,见表 8.5。

表 8.5 年度检查项目

序 号	检查内容	检查要点
1	编码器电池	更换电池
2	更换减速器、齿轮箱的润滑脂	按照润滑要求进行更换

8.3.4 更换润滑脂

机器人在正常使用时,需要定期更换关节减速机和齿轮箱里面的润滑脂,以保证机器人正常运转,否则会产生高温或者噪声,缩短机器人的使用寿命。

注意:更换润滑脂时,须避免 8.1.1 节提到的减速机加油危险,同时须遵循表 8.1 中的安全注意事项。

更换润滑脂的一般步骤如下:

① 分别拧下注油口和出油口螺塞(见图8.2);

② 在注油口拧上油嘴;

③ 用油枪按照油量表给定的油量加注规定型号的润滑脂,并在出油口处回收旧油脂,并确保加注的新油脂和流出的旧油脂等量;

④ 油脂加注完毕,拧下油嘴,清理油口处多余的润滑脂,并拧上所有油口处的螺塞。

注油口

出油口

图8.2　注油口和出油口

8.4　机器人常见故障和排除方法

机器人常见故障和排除方法见表8.6。螺栓规定拧紧扭矩见表8.7。

表8.6　机器人常见故障和排除方法

现象	描述	原因分析	排除
振动噪声	底座和地面连接不牢固	机器人工作振动频繁,底座与地面连接松动	重新加固机器人与地面的连接
	机器人关节中的连接松动	连接螺栓没有达到规定的预紧力,螺栓上没有采用相应防松措施(螺纹紧固剂、弹垫)	重新安装,并重新紧固各螺栓
	机器人超过一定速度振动明显	机器人设定速度超过规定的最大速度	调整机器人路径规划,使设定速度小于最大速度
	机器人在一个特定的位置振动特别明显	可能机器人所加负载过大	减小机器人负载
	关节减速机超过使用寿命	减速机损坏	更换减速机
	机器人发生碰撞或长时间过载后发生振动	由于碰撞或过载导致关节结构或减速机被损坏	更换或维修振动关节的减速机
	机器人的振动可能与附近运转的机器有关	机器人与附近的机器产生共振	改变机器人与附件机器的距离
晃动	当机器人不工作时,用手振动机器人出现晃动	由于过载、撞击等原因导致机器人关节上的螺栓松动	检查各关节螺栓是否松动,包括电机螺栓、减速机螺栓、各连接法兰螺栓
电机过热	机器人工作环境温度上升	环境温度上升或者电机热量得不到散发	降低环境温度,增加散热,去除电机覆盖物
	机器人运动参数或者负载改变	设定的运动参数或负载超过了机器人规定范围	调整运动参数,减轻负载

续表 8.6

现　象	描　述	原因分析	排　除
齿轮箱渗油、漏油	关节部位漏油	机器人使用时间过长,导致密封件老化	更换密封油封或 O 型圈
		密封面存在间隙	重新安装,消除结合面间隙
		注油嘴或螺塞损坏	更换新的注油嘴或螺塞
关节不能锁定	机器人不能准确停在某一位置,或者停止后经过一段时间在重力作用下关节转动	伺服电机制动器有问题	更换伺服电机

表 8.7　螺栓拧紧扭矩表

螺钉规格	M3	M4	M5	M6	M8	M10	M12	M14	M16	M20
拧紧扭矩/N·m(12.9 级)	2.45	4.9	9.8	16	40	79	137	219	339	664

8.5　备品和备件

1. 主要备品、备件

手腕装配体、小臂装配体、平衡缸、润滑脂、本体线缆包。

2. 废弃说明

➤ 机器人中部分零部件的废弃有可能对环境造成危害;

➤ 废弃机器人必须遵照国家及地方法律和相关规定存放或处理;

➤ 即使是作临时的存放,也应将废弃机器人固定牢靠以防倾倒,以防造成人员伤害或设备损坏。

习　题

8-1　给出安装使用机器人的安全注意事项。

8-2　调研并给出 1 或 2 种主流机器人的零点标定操作步骤。

8-3　简述机器人维护的工作要点。

8-4　简述机器人常见故障及排除方法。

8-5　调研并给出工业机器人常用的备品和备件。

第9章　机器人性能规范的基本知识

机器人的性能指标反映了机器人的工作能力和操作性能,是机器人设计和应用中的重要概念和参考依据。在机器人运动学和动力学中已经介绍了机器人工作空间、运动速度、承载能力、动态性能指标等概念,本节根据机器人国际标准和国家标准,规范地介绍一些通用和常用的机器人性能指标。

9.1　位姿特性

指令位姿(见图9.1):以示教编程、人工数据输入或离线编程所设定的位姿。

对于示教编程机器人,指令位姿的定义:对机器人的测量点(见图9.1)编程,通过机器人的运动,使机器人尽可能精确地接近该测量点,测量系统显示的坐标值即指令位姿。

实到位姿(见图9.1):机器人按指令位姿运动实际达到的位姿。

位姿准确度表示指令位姿和实到位姿间的偏差;重复性特性表示机器人重复接近指令位姿的一系列实到位姿的分布。

这些误差产生的原因包括控制系统的分辨率、坐标变换误差、模型误差、机械系统误差等。

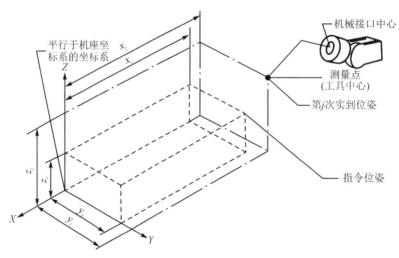

图9.1　指令位姿与实到位姿的关系

9.2　位姿准确度和位姿重复性

9.2.1　位姿准确度(AP)

位姿准确度表示指令位姿和从同一方向到达的实到位姿之间的平均偏差值。位姿准确度分为以下两种。

1. 位置准确度

位置准确度即指令位姿的位置与实到位置集群中心之差,即

$$AP_X = \bar{x} - x_c, AP_Y = \bar{y} - y_c, AP_Z = \bar{z} - z_c, AP_P = \sqrt{(\bar{x} - x_c)^2 + (\bar{y} - y_c)^2 + (\bar{z} - z_c)^2}$$

(9.1)

式中:$\bar{x}, \bar{y}, \bar{z}$ 分别是在 X, Y, Z 方向对同一位置重复运动 n 次后所得各点集群中心的坐标(平均值),且 $\bar{x} = \dfrac{1}{n}\sum\limits_{i=1}^{n} x_i, \bar{y} = \dfrac{1}{n}\sum\limits_{i=1}^{n} y_i, \bar{z} = \dfrac{1}{n}\sum\limits_{i=1}^{n} z_i$;x_i, y_i, z_i 分别是在 X, Y, Z 方向第 i 次实到位置的坐标;x_c, y_c, z_c 分别是在 X, Y, Z 方向的指令位置坐标,如图 9.2 所示。

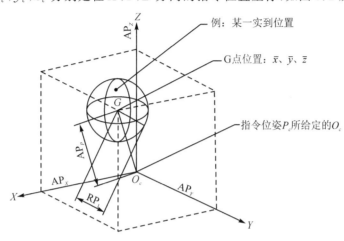

图 9.2　位置准确度和重复性

2. 姿态准确度

姿态准确度即指令位姿的姿态与实到姿态的平均值之差,即

$$AP_a = \bar{a} - a_c, \quad AP_b = \bar{b} - b_c, \quad AP_c = \bar{c} - c_c$$

(9.2)

式中:$\bar{a} = \dfrac{1}{n}\sum\limits_{j=1}^{n} a_j, \bar{b} = \dfrac{1}{n}\sum\limits_{j=1}^{n} b_j, \bar{c} = \dfrac{1}{n}\sum\limits_{j=1}^{n} c_j$;a_j, b_j, c_j 分别是在 α, β, γ 方向(例如:第 2 章 2.1.1 节介绍的欧拉角)第 j 次实到姿态的坐标;$\bar{a}, \bar{b}, \bar{c}$ 分别是在 α, β, γ 方向在对同一姿态重复运动 n 次所得的姿态角的平均值;a_c, b_c, c_c 分别是在 α, β, γ 方向的指令姿态坐标,如图 9.3 所示。

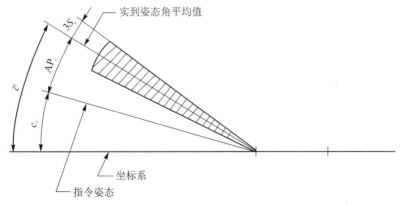

图 9.3　姿态准确度和重复性(注:公式中的 a、b 与 c 相同)

关于位姿准确度的测试方法可参见《GB/T 12642－2013/ISO 9283：1998　工业机器人性能规范及其试验方法》的 7.2.1 节。

9.2.2　位姿重复性(RP)

位姿重复性表示指令位姿与从同一方向重复运动 n 次后的实到位姿的一致程度,包括位置重复性和姿态重复性两种。

1. 位置重复性

对某一位姿,位置重复性可表示为

$$RP_l = \bar{l} \pm 3S_l \tag{9.3}$$

式中: $\bar{l} = \dfrac{1}{n}\sum_{i=1}^{n} l_i$, $l_i = \sqrt{(\bar{x}-x_i)^2 + (\bar{y}-y_i)^2 + (\bar{z}-z_i)^2}$, x_i,y_i,z_i 和 $\bar{x},\bar{y},\bar{z}$ 的定义见

式(9.1); $S_l = \sqrt{\dfrac{\sum_{i=1}^{n}(\bar{l}-l_i)^2}{n-1}}$ 为标准偏差,见图9.3; $\pm 3S_l$, $l=a,b,c$ 分别为围绕平均值 $\bar{a}$,

$\bar{b},\bar{c}$ 的角度分布, $\bar{a},\bar{b},\bar{c}$ 的定义见式(9.2)。

2. 姿态重复性

姿态重复性可以表示为

$$\left. \begin{array}{l} RP_a = \pm 3S_a = \pm 3\sqrt{\dfrac{\sum_{j=1}^{n}(\bar{a}-a_j)^2}{n-1}} \\[3em] RP_b = \pm 3S_b = \pm 3\sqrt{\dfrac{\sum_{j=1}^{n}(\bar{b}-b_j)^2}{n-1}} \\[3em] RP_c = \pm 3S_c = \pm 3\sqrt{\dfrac{\sum_{j=1}^{n}(\bar{c}-c_j)^2}{n-1}} \end{array} \right\} \tag{9.4}$$

式中, a_j,b_j,c_j 的定义见式(9.2)。

关于位姿重复性的测试方法可参见《GB/T 12642—2013/ISO 9283：1998　工业机器人性能规范及其试验方法》的 7.2.2 节。

9.3　位置超调量

位置超调量是衡量机器人平稳、准确地达到实到位置的能力。规定:从机器人工具中心点(TCP)进入门限带后,超出门限带时的瞬时位置与实到稳定位置之间的最大距离 OV_j ,如图9.4和图9.5所示。

位置超调量与9.4节将要介绍的位置稳定时间有关。

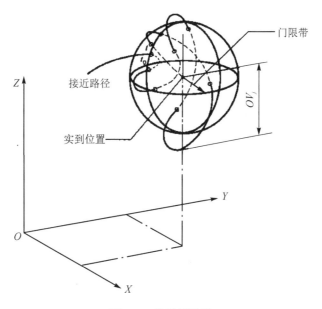

图 9.4　位置超调量

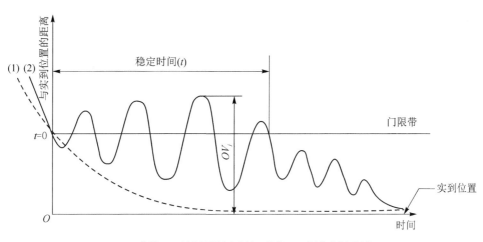

曲线(1)：过阻尼接近示例；曲线(2)：振荡接近示例

图 9.5　位置超调量和位置稳定时间

9.4　位置稳定时间

位置稳定时间是衡量机器人停止在实到位置快慢程度的指标，规定：从机器人工具中心点(TCP)进入门限带的瞬间到不再超出门限带的瞬间所经历的时间（见图 9.5），门限带可由 9.2.2 节中的位姿重复性(RP)确定。

位置稳定时间与 9.3 节的位置超调量、机器人结构等参数有关。

9.5 轨迹特性

轨迹准确度和轨迹重复性的定义与轨迹形状无关。图 9.6 给出了轨迹准确度与轨迹重复性的一般性说明。

9.5.1 轨迹准确度(AT)

轨迹准确度表示机器人在同一方向上沿指令轨迹移动 n 次,实际轨迹与指令轨迹的最大偏差,包括位置轨迹准确度和姿态轨迹准确度。

位置轨迹准确度 AT_p:指令轨迹的位置与各实到轨迹位置集群的中心线之间的偏差,如图 9.6 所示。

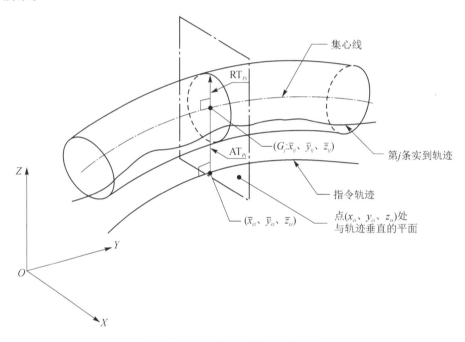

图 9.6 轨迹准确度与轨迹重复性

$$AT_P = \max\sqrt{(\bar{x}_i - x_{ci})^2 + (\bar{y}_i - y_{ci})^2 + (\bar{z}_i - z_{ci})^2}, \quad i = 1, 2, \cdots, m \quad (9.5)$$

式中:x_{ci}, y_{ci}, z_{ci} 是在指令轨迹上第 i 点的坐标;$\bar{x}_i = \dfrac{1}{n}\sum_{j=1}^{n} x_{ij}, \bar{y}_i = \dfrac{1}{n}\sum_{j=1}^{n} y_{ij}, \bar{z}_i = \dfrac{1}{n}\sum_{j=1}^{n} z_{ij}$, x_{ij}, y_{ij}, z_{ij} 是第 j 条实到轨迹与第 i 个正交平面交点的坐标(见图 9.6),m 为指令轨迹上的计算点数量,n 为测量点数量。

姿态轨迹准确度 AT_a、AT_b 和 AT_c:为沿轨迹线上实到姿态与指令姿态的最大偏差。

$$AT_a = \max|\bar{a}_i - a_{ci}|, AT_b = \max|\bar{b}_i - b_{ci}|, AT_c = \max|\bar{c}_i - c_{ci}|, \quad i = 1, 2, \cdots, m$$

$$(9.6)$$

式中:$\bar{a}_i = \dfrac{1}{n}\sum_{j=1}^{n} a_{ij}, \bar{b}_i = \dfrac{1}{n}\sum_{j=1}^{n} b_{ij}, \bar{c}_i = \dfrac{1}{n}\sum_{j=1}^{n} c_{ij}$,a_{ij}, b_{ij}, c_{ij} 是点 x_{ij}, y_{ij}, z_{ij} 处的实到姿态;a_{ci}, b_{ci}, c_{ci} 是点 x_{ci}, y_{ci}, z_{ci} 处的指令姿态。

关于轨迹准确度的测试方法可参见《GB/T 12642—2013/ISO 9283：1998　工业机器人性能规范及其试验方法》的 8.2 节。

9.5.2　轨迹重复性(RT)

轨迹重复性表示机器人对同一指令轨迹重复 n 次时,与实到轨迹的一致程度。

1. 轨迹的位置重复性

$$RT_P = \max RT_{Pi} = \max(\bar{l}_i \pm 3S_{li}), \quad i = 1, 2, \cdots, m \tag{9.7}$$

式中,$\bar{l}_i = \dfrac{1}{n}\sum\limits_{j=1}^{n} l_{ij}$,$l_{ij} = \sqrt{(\bar{x}_i - x_{ij})^2 + (\bar{y}_i - y_{ij})^2 + (\bar{z}_i - z_{ij})^2}$;$S_{li} = \sqrt{\dfrac{\sum\limits_{j=1}^{n}(\bar{l}_i - l_{ij})^2}{n-1}}$,

参见式(9.3);$\bar{x}_i,\bar{y}_i,\bar{z}_i$ 和 x_{ij},y_{ij},z_{ij} 的定义见式(9.5)。

2. 轨迹的姿态重复性

轨迹的姿态重复性表示在不同计算点处围绕平均姿态值的最大角度分布。

$$\left. \begin{aligned} RT_a &= \max 3\sqrt{\dfrac{\sum\limits_{j=1}^{n}(\bar{a}_i - a_{ij})^2}{n-1}} \\[2mm] RT_b &= \max 3\sqrt{\dfrac{\sum\limits_{j=1}^{n}(\bar{b}_i - b_{ij})^2}{n-1}} \\[2mm] RT_c &= \max 3\sqrt{\dfrac{\sum\limits_{j=1}^{n}(\bar{c}_i - c_{ij})^2}{n-1}} \quad i = 1, 2, \cdots, m \end{aligned} \right\} \tag{9.8}$$

式中:$\bar{a}_i,\bar{b}_i,\bar{c}_i$ 和 a_{ij},b_{ij},c_{ij} 的定义见式(9.6)。

对于特殊应用,RT 也可用 X,Y,Z 方向的分量 RT_X,RT_Y,RT_Z 来表示。

9.6　拐角偏差

拐角偏差一般分为尖锐拐角、圆滑拐角。

尖锐拐角:当机器人按程序设定的恒定轨迹速度无延时地从第一条轨迹转换到与之垂直的第二条轨迹时,便会出现尖锐拐角。

圆滑拐角:为了得到尖锐拐角,必须改变速度,为了保持稳定的速度,就需要对拐角进行圆滑处理,见图 6.23 过渡值示意图(在这里圆滑拐角和过渡值意义相同)。

机器人的拐角偏差用**圆角误差**(CR)和**拐角超调**(CO)来衡量,可参见《GB/T 12642—2013/ISO 9283—1998　工业机器人性能规范及其试验方法》的 8.5 节。工业机器人运动指令中可以对拐角偏差进行设定。

9.7　轨迹速度特性

机器人轨迹速度指标有轨迹速度准确度(AV)、轨迹速度重复性(RV)、轨迹速度波动

(FV)，如图 9.7 所示。

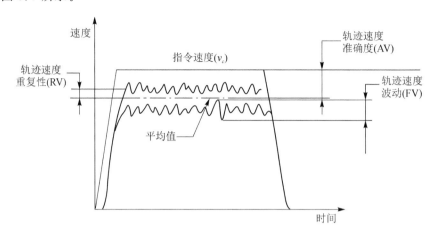

图 9.7　轨迹速度特性

轨迹速度特性应在与测试轨迹准确度（见图 9.6）相同的直线轨迹上进行测量。

轨迹速度准确度（AV）是指令速度与沿轨迹进行 n 次重复测量所获得的实际速度平均值之差。

$$AV = \frac{\bar{v} - v_c}{v_c} \times 100\% \tag{9.9}$$

式中：$\bar{v} = \frac{1}{n}\sum_{j=1}^{n}\bar{v}_j$，$\bar{v}_j = \frac{1}{m}\sum_{i=1}^{m}v_{ij}$，$v_{ij}$ 为第 j 次测量第 i 点处的实际速度；v_c 为指令速度；m 是沿轨迹测量的次数。

轨迹速度重复性（RV）是指同一指令速度与实际速度的一致程度。

$$RV = \pm\frac{3S_v}{v_c} \times 100\% \tag{9.10}$$

式中：$S_v = \sqrt{\dfrac{\sum_{j=1}^{n}(\bar{v}-\bar{v}_j)^2}{n-1}}$；$v_c$，$\bar{v}_j$，$\bar{v}$ 的定义见式（9.9）。

轨迹速度波动（FV）是指在执行一个指令速度的过程中速度的最大变化量。

$$FV = \max\left[\max_{i=1}^{m}(v_{ij}) - \min_{i=1}^{m}(v_{ij})\right] \tag{9.11}$$

式中：v_{ij} 的定义见式（9.9）。

9.8　静态柔顺性

静态柔顺性是指在单位负载作用下机械接口处的最大位移。静态柔顺性是由机器人关节柔性和连杆柔性造成的。一般情况下，关节柔性比连杆柔性大得多。在简化模型中，关节柔性主要表现在关节转动方向的扭转变形。关节柔性不仅来自机械原因（比如齿轮啮合刚度、轴承支撑刚度等），还跟关节电机的控制参数有关。

关于静态柔顺性的测试方法可参见 GB/T 12642—2013/ISO 9283—1998《工业机器人性

能规范及其试验方法》的第 10 节。

9.9　常用工业机器人的主要性能指标

本节介绍的机器人性能参数应满足下述环境条件：①机器人本体应正确安装；②电源、液压源和气压源符合标准要求；③环境温度应为(20 ± 2) ℃；④额定负载应为 100%。

有关机器人性能参数的测试要求和方法可参见《GB/T 12642—2013/ISO 9283：1998工业机器人性能规范及其试验方法》。

常用工业机器人的主要性能指标见表 9.1，这是选用机器人最重要的依据。

习　题

9-1　什么是机器人的重复定位精度和绝对定位精度？

9-2　什么是机器人的轨迹重复性和轨迹精度？

9-3　常用工业机器人性能指标有哪些？

表 9.1　常用机器人的主要性能指标

应用规范	应用场景									
	搬运/上下料①	点焊①	弧焊②	机加工/去毛刺 抛光/切割②	喷涂②	装配 ①	装配 ②	检验 ①	检验 ②	涂粘/密封②
位姿准确度	○③	○③				○③	○③	○③	○③	
位姿重复性	○④	○④	○③	○③		○④	○④	○④	○④	
位置稳定时间	○	○				○	○	○	○	
位置超调量	○	○				○	○	○	○	
轨迹准确度			○	○③	○③			○③	○③	○③
轨迹重复性			○③	○④	○④			○④	○④	○④
拐角偏差			○④	○	○			○	○	○
轨迹速度准确度			○③		○③					○③
轨迹速度重复性			○		○					○
轨迹速度波动			○		○					○
静态柔顺性	○	○	○	○		○	○	○	○	

注：①用于点位控制场合；
　　②用于连续轨迹控制场合；
　　③仅用于离线编程情况；
　　④仅指位置。

参考文献

［1］ 王伟，负超. 机器人学导论［M］. 北京：高等教育出版社，2023.

［2］ 日本机器人学会. 机器人技术手册［M］. 宗光华，译. 北京：科学出版社出版，2007.

［3］ Bruno Siciliano，Oussama Khatib. Springer Handbook of Robotics［M］. ［S. l.］：Springer，2008.

［4］ 熊有伦，李文龙，陈文斌，等. 机器人学：建模、控制与视觉［M］. 2 版. 武汉：华中科技大学出版社，2020.

［5］ 樊炳辉. 机器人工程导论［M］. 北京：北京航空航天大学出版社，2018.

［6］ Richard Murray，Zexiang Li，S. Shankar Sastry. 机器人操作的数学导论［M］. 徐卫良，钱瑞明，译. 北京：机械工业出版社，1998.

［7］ 陆震. 冗余自由度机器人原理及应用［M］. 北京：机械工业出版社，2017.

［8］ 战强. 机器人学 ——机构、运动学、动力学及运动规划［M］. 北京：清华大学出版社，2019.

［9］ Roland Siegwart，Illah Nourbakhsh，Davide Scaramuzza. 自主移动机器人导论［M］. 李人厚，宋青松，译. 西安：西安交通大学出版社，2013.

［10］ Mark Spong，Seth Hutchinson，M Vidyasagar. Robot Modeling and Control［M］. ［S. l.］：John Wiley & Sons Inc，2005.

［11］ Peter Corke. 机器人学、机器视觉与控制［M］. 刘荣，译. 北京：电子工业出版社，2016.

［12］ 李瑞峰，葛连正. 工业机器人技术［M］. 北京：清华大学出版社，2019.

［13］ 任岳华，曹玉华. 工业机器人工程导论［M］. 北京：机械工业出版社，2018.

［14］ 张玫. 机器人技术［M］. 2 版. 北京：机械工业出版社，2016.

［15］ Mike Wilson. 机器人系统实施：制造业中的机器人、自动化和系统集成［M］. 王伟，译. 北京：机械工业出版社，2016.